"十二五"职业教育国家规划教材
经全国职业教育教材审定委员会审定

宠物美容与护理

CHONGWU MEIRONG YU HULI

附光盘

王艳立　马明筠　主编

第二版

化学工业出版社
·北京·

对宠物主人和宠物美容工作人员来说，能亲手把宠物犬、宠物猫打理得漂漂亮亮的是非常有乐趣的一件事情。本书手把手教你扮靓宠物犬、宠物猫的各种方法，包括宠物的日常清洁美容、修剪造型、染色、包毛、形象设计与服装搭配、立耳与断尾等关键技术，幼犬、妊娠犬、老年犬等的护理办法，宠物店经营管理，共25种方法，步步详解，配以丰富的图片，简单实用。即使养宠新手也能轻轻松松把宠物装扮出理想的造型。

本书参照宠物健康护理员国家职业标准和宠物美容师行业标准编写，适合行业培训和教学所需。内容安排以宠物犬、宠物猫美容与护理的操作程序为主线，设计了5项关键技术，每项技术又分解为具体的工作任务来讲授。配套光盘中准备了教学培训课件、动画、视频、图片库、考核标准、试题库以及案例等内容，试题库既是考题示范，又是实训的案例练习，对提高学员的晋级考核水平和实际操作能力均有促进作用。色彩鲜明的图片库可供你给宠物美容时参考。

本书可作为宠物主人的手边参考书，更适合作为宠物美容师和宠物健康护理员的培训教材、高职高专宠物相关专业教材或全校公选课教材。

图书在版编目（CIP）数据

宠物美容与护理／王艳立，马明筠主编．-2版 —北京：化学工业出版社，2015.3

"十二五"职业教育国家规划教材

ISBN 978-7-122-22631-0

Ⅰ．①宠… Ⅱ．①王…②马… Ⅲ．①宠物-美容-高等职业教育-教材②宠物-饲养管理-高等职业教育-教材 Ⅳ．①S865.3

中国版本图书馆CIP数据核字（2014）第301670号

责任编辑：梁静丽　迟　蕾　李植峰　　　　　　装帧设计：史利平
责任校对：王素芹

出版发行：化学工业出版社（北京市东城区青年湖南街13号　邮政编码100011）
印　　装：北京彩云龙印刷有限公司
787mm×1092mm　1/16　印张11　字数260千字　2016年3月北京第2版第1次印刷

购书咨询：010-64518888（传真：010-64519686）　售后服务：010-64518899
网　　址：http://www.cip.com.cn
凡购买本书，如有缺损质量问题，本社销售中心负责调换。

定　　价：39.00元　　　　　　　　　　　　　　　　　版权所有　违者必究

《宠物美容与护理》（第二版）编审人员名单

主　　编　王艳立　马明筠

副 主 编　张　华　朱孟玲　谢拥军　王宇菲

编写人员（按照姓名汉语拼音排列）

　　　　　曹晓娟（内蒙古农业大学职业技术学院）
　　　　　董　青（河南牧业经济学院）
　　　　　韩若婵（保定职业技术学院）
　　　　　刘佰慧（黑龙江生物科技职业学院）
　　　　　马明筠（湖北三峡职业技术学院）
　　　　　宋　林（黑龙江职业学院）
　　　　　谭胜国（湖南生物机电职业技术学院）
　　　　　陶　妍（辽宁农业职业技术学院）
　　　　　王艳立（辽宁农业职业技术学院）
　　　　　王宇菲（青岛珍熙宠物美容培训学校）
　　　　　谢拥军（岳阳职业技术学院）
　　　　　杨菲菲（金华职业技术学院）
　　　　　张　华（河南牧业经济学院）
　　　　　赵晓静（保定职业技术学院）
　　　　　朱孟玲（江苏农林职业技术学院）
　　　　　朱　源（上海朋朋宠物有限公司）

主　　审　顾洪娟（辽宁农业职业技术学院）

本书自第一版出版以来，受到很多院校教师、宠物美容店同行、广大宠物爱好者的青睐，为我们提出了很多宝贵的建议和意见。而且随着宠物美容行业的发展，三年来又推出了很多新技术新方法。与此同时，本书有幸入选"'十二五'职业教育国家规划教材"，依据《教育部关于"十二五"职业教育教材建设的若干意见》和《高等职业学校专业教学标准（试行）》，我们对第一版教材的内容进行了更新与补充，以进一步提升教材质量。

第二版主要从内容更新、文字描述完善、图片补充等方面做了修订。内容更新主要根据多位笔者宠物美容店经营与管理的经验，以及"'十二五'职业教育国家规划教材"编写的要求，在宠物清洁美容技术中加入了当前流行的宠物SPA技术；在贵宾装修剪造型技术中加入了泰迪装的修剪造型；补充和更换了很多清晰、直观的图片。经过修订，第二版教材中的技术与行业发展相接轨，将宠物美容的操作技术描述得更加直观具体、通俗易懂，既适用于理实一体化教学，又有利于读者的自学。

此外，为满足现代数字化教学技术的需求，对本书配套建设的立体化教学资源之一——光盘的内容也作了补充和修订，光盘的内容整合了网络课程的相关资料，包括教学培训课件、动画、视频、图片库、试题库、案例等全面的学习资料，方便读者使用。

配套教材建设的立体化教学资源之二——宠物美容与护理网络课程于2014年2月已通过教育部评审，并依据《2013年度职业教育优质数字资源建

设指南》将相关资料上传至国家教育资源公共服务平台，可方便广大师生进行网络授课与学习。

虽然笔者尽最大努力反映宠物美容与护理教学及行业的相关内容，使之与当前教学改革相吻合。但因水平有限，书中不足之处在所难免，恳请广大读者多提宝贵意见和建议。

编 者
2015年7月

第一版前言

不管饲养宠物与否,当我们看到雪纳瑞、贵宾犬、约克夏、可卡等狗狗的惊艳、高贵形象时,我相信,大家还是会不由自主地表达出自己的赞叹与喜欢……

随着人们生活水平的提高,宠物也逐渐成为人们越来越亲密的伴侣,为正处于紧张生活中的现代人排解孤独、增加情趣、缓解压力。作为对宠物的回报,宠物主人都想给自己心爱的犬猫打扮出一个漂漂亮亮、时尚的造型,对宠物进行科学喂养、修剪造型、包毛染色及保健护理,甚至还给宠物进行"水疗"、全身护理等。宠物的美容护理已经发展为一种流行的社会需求,成为有宠物的家庭日常生活的一部分,从另一个角度给宠物主人带来了成就感和满足感。

但宠物美容不像人们想象的那样,就是简单地给犬猫洗洗澡、梳梳毛。它是对宠物进行的全面的保健护理,不仅有规范严格的操作流程,而且还需要专用的工具和清洁用品,以及富有爱心和耐心的宠物美容师。目前中国宠物美容行业中,只有10%左右的宠物美容师经过严格的培训并且具备职业资格证书,行业专业性亟待提高,对专业人才求贤若渴。本书就是为培养合格的宠物美容护理人才编写出版的。

本书将宠物美容护理的各项需求以具体操作步骤的形式分解给读者,目的是让一个门外汉,从熟悉宠物开始,依据不同的宠物品种、骨骼特点及习性,给宠物进行专业到位的清洁护理、修剪造型、包毛染色、服装搭配、立耳断尾、妊娠护理、常见病的识别等保健护理,成为一名合格的美容师,赢得宠物主人的信任。

本书也是经过多次切磋与调研,编写出的符合职业教育特色的工学结合教

材。本书按照宠物美容与护理的操作流程，将关键技术分解为工作任务来设置教学内容，与行业结合紧密，符合职业成长规律；"参考资料"中的知识适度够用、通俗易懂，适用于理实一体化教学；"信息窗"拓展了专业知识，突出了教材的专业性和科学性。全书图文并茂，并附有教学光盘（含学习课件、考核标准、模拟题以及美容护理案例），方便读者学习掌握。

由于时间仓促，笔者经验和水平有限，书中的不足之处在所难免，恳请广大读者提出宝贵的修改意见和建议。

编 者

2011年2月

目录

关键技术一　宠物美容基本技术 /1
Ⅰ　宠物犬、猫解剖结构识别 /1
Ⅱ　犬、猫的美容保定 /9
Ⅲ　美容工具的使用 /16

关键技术二　宠物的清洁美容 /25
Ⅰ　被毛的刷理与梳理 /25
Ⅱ　洗澡 /30
Ⅲ　眼睛、耳朵、牙齿的护理 /35
Ⅳ　足部和腹底毛的清理 /39
Ⅴ　宠物犬的水疗护理 /44

关键技术三　宠物犬的修剪造型 /52
Ⅰ　北京犬的修剪造型 /52
Ⅱ　博美犬的修剪造型 /58
Ⅲ　西施犬的修剪造型 /63
Ⅳ　贵宾犬的修剪造型 /68
Ⅴ　比熊犬的修剪造型 /82
Ⅵ　可卡犬的修剪造型 /86
Ⅶ　雪纳瑞犬的修剪造型 /94
Ⅷ　西高地白㹴犬的修剪造型 /102

关键技术四　宠物犬的特殊美容 /112
Ⅰ　宠物的染色技术 /112
Ⅱ　宠物包毛技术 /120
Ⅲ　宠物形象设计与服装搭配技术 /123
Ⅳ　宠物犬的立耳术 /126
Ⅴ　宠物犬的断尾术 /129

关键技术五　宠物特殊护理 /134
Ⅰ　幼犬的护理 /134
Ⅱ　妊娠犬的护理 /138
Ⅲ　老年犬的护理 /144
Ⅳ　住院犬、猫的护理 /147

拓展技术　宠物美容店的经营管理 /153

参考文献 /166

关键技术一 宠物美容基本技术

I 宠物犬、猫解剖结构识别

准备工作

1. **动物** 德国牧羊犬和波斯猫每组各1只;普通犬每组1只。
2. **工具** 多媒体投影仪;犬、猫各系统、器官的解剖结构图;犬、猫的全身骨骼标本;常用动物解剖器械一套。

操作方法

1. 辨别活体犬、猫的体表各部位,并能说出其名称。
2. 参照解剖结构图和实物(或模型),识别犬、猫各系统器官。
3. 在活体上指出犬、猫各组织器官的体表投影。
4. 测量体高、体长、胸围、胸深。
5. 根据犬、猫的牙齿判断年龄。
6. 判断犬的被毛质量。
7. 解剖犬,分离出各组织器官。

参考资料

一、犬、猫体表主要部位名称及方位术语

1.犬、猫体表主要部位的名称

为了便于描述犬、猫各部位的名称,先将其分为头部、躯干部和四肢三大部分。以骨

骼为基础再进行各部分的划分（图1-1-1）。

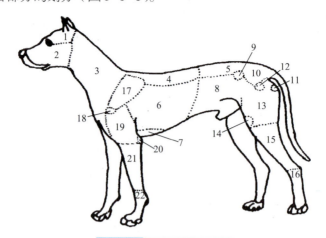

图1-1-1　犬体各部位名称

1—颅部；2—面部；3—颈部；4—背部；5—腰部；6—胸侧部（肋部）；7—胸骨部；8—腹部；9—髋结节；
10—荐臀部；11—坐骨结节；12—髋关节；13—大腿部（股部）；14—膝关节；15—小腿部；16—后脚部；
17—肩带部；18—肩关节；19—臂部；20—肘关节；21—前臂部；22—前脚部

2. 解剖学方位术语

（1）轴　轴分为纵轴和横轴。

① 纵轴　又称长轴，是指机体和地面平行的轴。头、颈、四肢和各器官的长轴是以自身长度为标准的。

② 横轴　是指和纵轴垂直的轴。

（2）面

① 矢状面　又称纵切面（图1-1-2），是与纵轴平行且垂直于地面的切面。分为正中矢状面和侧矢状面。

(a) 矢状面　　　　(b) 额面　　　　(c) 横断面

图1-1-2　犬的解剖方位

a. 正中矢状面　只有一个，位于机体正中，将其分为左右对称两半的矢状面。

b. 侧矢状面　有多个，是位于正中矢状面两侧的矢状面。

② 额面　又称为水平面，是指与身体长轴平行且和矢状面、横断面相垂直的切面，可将机体分为背、腹两部分。

③ 横断面　是指与机体纵轴相垂直的切面，将机体分为前、后两部分。

（3）方位术语

① 用于躯干的术语

a. 头侧　又称为前，是指靠近机体的头端。

b. 尾侧　又称为后，是指靠近机体的尾端。

c. 背侧　是指额面上方的部分。

d. 腹侧　是指额面下方的部分。

e. 内侧　是指靠近正中矢状面的一侧。

f. 外侧　是指远离正中矢状面的一侧。

② 用于四肢的方位术语

a. 近端　是指靠近躯干的一端。

b. 远端　是指远离躯干的一端。

c. 背侧　是指四肢的前面。

d. 掌侧　是指前肢的后面。

e. 跖侧　是指后肢的后面。

f. 尺侧　是指前肢的外侧。

g. 胫侧　是指后肢的内侧。

h. 腓侧　是指后肢的外侧。

二、犬解剖结构识别

1. 犬运动系统识别

犬的运动系统由骨骼、关节和肌肉三部分组成。

犬的骨骼可分为中轴骨骼和四肢骨骼两部分（图1-1-3），中轴骨骼由头骨和躯干骨组成，四肢骨骼包括前肢骨和后肢骨。头骨形态差异较大，有的头形狭而长，有的头形宽而短。犬有颈椎7节，胸椎13节，腰椎7节，荐椎3节（融合在一起成为一块骶

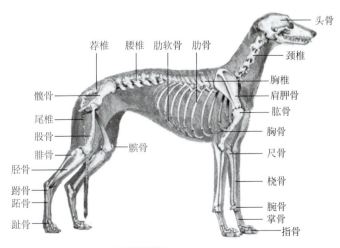

图1-1-3　犬全身骨骼

骨），尾椎22节。犬的前9根肋骨为真肋，后4根肋骨为假肋。犬的前肢骨包括肩胛骨、肱骨、前臂骨（尺骨、桡骨）、腕骨、掌骨、指骨；后肢骨包括髋骨、股骨、胫骨、腓骨、跗骨、跖骨和趾骨。犬无锁骨。前肢通过骨骼肌与躯体相连，后肢由髋关节与骨盆相连。阴茎骨是犬科特有的骨头。雄犬除有阴茎骨外，阴茎根部还有两个很清楚的海绵体（球突），这就是犬能长时间交配的原因。

2. 犬消化系统识别

犬的消化系统包括消化器官和消化腺（图1-1-4）。消化器官包括口腔、咽、食管、胃、小肠、大肠及肛门。小肠肠管细而长，又分为十二指肠、空肠和回肠，是消化吸收的主要部位。大肠又可分为盲肠、结肠和直肠，主要消化纤维素，吸收水分，形成并排出粪便。消化腺包括唾液腺、肝、胰及消化管壁的许多腺体，主要功能是分泌消化液。

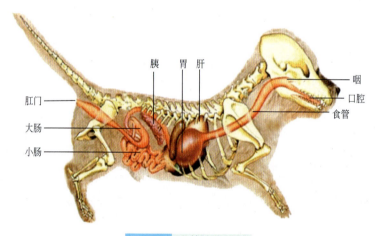

图1-1-4 犬的消化系统

犬的牙齿是重要的消化器官，不同年龄的犬其牙齿的数量、光洁度和磨损程度不同。因此可以通过观察犬的牙齿粗略地判断犬的年龄。

犬的乳齿式：$\left(\dfrac{313}{313}\right) \times 2 = 28$ 犬的恒齿式：$\left(\dfrac{3142}{3143}\right) \times 2 = 42$

一般情况下，犬的乳齿数量分布：门齿上下各6枚，犬齿上下各2枚，前臼齿上下各6枚，总计28枚。乳齿一般较小，颜色较白，磨损较快。恒齿较大，硬度大，光洁度较乳齿差。成年犬的恒齿分布：门齿上下各6枚，犬齿上下各2枚，前臼齿上下各8枚，后臼齿上颌为4枚，下颌为6枚，总计42枚（图1-1-5）。

通过牙齿粗略判断犬的年龄可以依据以下标准。

20天左右牙齿逐渐参差不齐地长出来。

30～40天，乳门齿长齐。

2个月，乳齿全部长齐，尖细而呈嫩白色。

2～4个月，更换第一乳门齿。

5～6个月，更换第二、第三乳门齿及全部乳犬齿。

8个月以上，牙齿全部换上恒齿。

1岁，恒齿长齐，光洁、牢固，门齿上部有尖突。

1.5岁，下颌第一门齿尖峰磨灭。

2.5岁，下颌第二门齿尖峰磨灭。

3.5岁，上颌第一门齿尖峰磨灭。

4.5岁，上颌第二门齿尖峰磨灭。

5岁，下颌第三门齿尖峰轻微磨损，同时下颌第一、第二门齿磨呈矩形。

6岁，下颌第三门齿尖峰磨灭，犬齿呈钝圆形。

7岁，下颌第一门齿磨损至齿根部，磨损面呈纵椭圆形。

8岁，下颌第一门齿磨损向前方倾斜。

10岁，下颌第二、上颌第一门齿磨损面呈纵椭圆形。

16岁，门齿脱落，犬齿不全。

20岁，犬齿脱落。

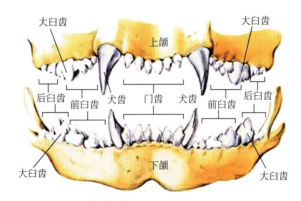

图1-1-5 犬牙齿解剖结构

3. 犬呼吸系统识别

犬的呼吸系统包括鼻腔、咽、喉、气管、支气管和肺（图1-1-6）。

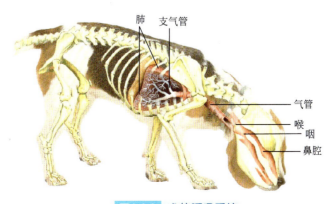

图1-1-6 犬的呼吸系统

（1）鼻　包括鼻腔和副鼻窦，是呼吸和嗅觉器官。鼻中隔将鼻腔分为左右两部分；鼻腔外侧壁各有一上鼻甲和下鼻甲，将鼻腔分为上鼻道、中鼻道和下鼻道，上、下鼻甲与鼻中隔之间的裂隙为总鼻道；鼻腔后部由一横行板分成上下两部，上部为嗅觉部，下部为呼吸部。

（2）喉　位于下颌间隙后方，前端与咽相连通，后端与气管连接。甲状软骨、环状软骨、会厌软骨、勺状软骨、肌肉和韧带围成喉腔。喉腔内有1对黏膜褶，为声带。

（3）气管和支气管　气管为空气出入的通道，位于喉与支气管之间。气管进入胸腔后，分为左右两支气管，经左右肺门入肺，并逐渐分支成许多支气管。

（4）肺　为气体交换的重要器官。左肺分尖叶、心叶和膈叶，右肺比左肺大1/4，分尖叶、心叶、膈叶和中间叶。

4. 犬循环系统识别

循环系统是封闭的管道系统，包括心脏、血管系统和淋巴系统。心脏位于胸腔中央偏左的两肺之间。血管分为动脉、静脉和毛细血管。脾脏是犬最大的储血器官。犬全身各淋巴管最后均汇总成两条最大的淋巴管，即胸导管（又称左淋巴管）和右淋巴管。

5. 泌尿生殖系统识别

（1）犬泌尿系统　犬的泌尿系统由肾脏、输尿管、膀胱、尿道等组成［图1-1-7（a）］。

（2）犬生殖系统　公犬的生殖系统由睾丸、输精管、副性腺、尿生殖道、阴茎等组成；母犬的生殖系统由卵巢、输卵管、子宫（包括子宫角、子宫体和子宫颈）、阴道、尿生殖前庭和阴门等组成［图1-1-7（b）］。

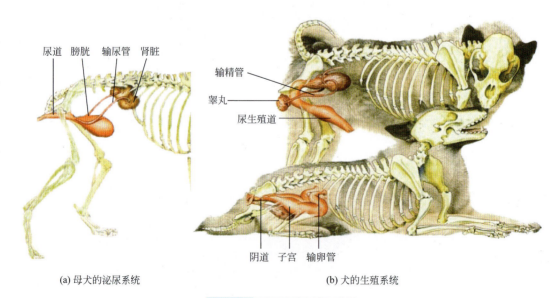

(a) 母犬的泌尿系统　　(b) 犬的生殖系统

图1-1-7　犬的泌尿生殖系统

6. 犬的感觉

（1）嗅觉　犬的嗅觉器官是最重要的感觉器官，刚出生的幼犬就能辨别气味，犬敏锐的嗅觉已被人类利用到众多领域中。警犬能够根据犯罪分子在现场遗留的物品、血迹、足迹等进行鉴别和追踪；缉毒犬能够从众多的邮包、行李中嗅出藏有大麻、可卡因等毒品的包裹；搜爆犬能够准确地搜出藏在建筑物、车船、飞机中的爆炸物；救助犬能够帮助人们寻找深埋于雪地、沙漠及倒塌建筑物中的遇难者。

（2）听觉 犬的听觉也很发达、灵敏。犬的听觉远胜于人类，灵敏度是人类的4倍左右，能在25m外辨听到异样声响，不但能听到远处很微弱的声音，还能准确地分辨出音调的高低、强弱、变化。

（3）视觉 犬的视觉不好，天生色盲，还有直视倾向。对于静止的物体，成年犬只能看到50m以内的范围，对于100m以外的物体看上去模糊不清；对于活动的物体反应较灵敏，视野可达250°，可轻易地察觉身后的一切。

（4）味觉 犬的味觉较差，辨不出复杂的味道。犬主要是依靠嗅觉闻到了食物的香味，犬所记住的是气味而不是味道。

三、猫解剖结构识别

1.猫运动系统识别

（1）骨骼 猫的全身骨骼分为头骨、躯干骨、前肢骨和后肢骨（图1-1-8）。头骨由颅骨和面骨组成。头骨背面光滑而有凸起，后边最宽，眶缘不完整。躯干骨有颈椎7节、胸椎13节、腰椎7节、荐椎有3节（愈合为荐骨），尾椎有21～23节。肋骨共有13对，前9对为真肋，后4对为假肋，假肋的最后一对为浮肋。肋骨从前向后，长度逐渐增加，第9对、第10对肋骨最长，以后又逐渐缩短。胸骨由8块骨头组成，由前向后分为胸骨柄、胸骨体和剑突三部分。猫的前肢骨包括肩胛骨、锁骨、臂骨、前臂骨（尺骨、桡骨）、腕骨、掌骨和指骨；后肢骨包括髋骨、股骨、髌骨、小腿骨（胫骨、腓骨）、跗骨、跖骨和趾骨。

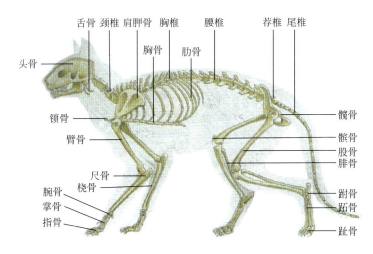

图1-1-8 猫的全身骨骼

猫的脚掌下有很厚的肉垫，每个脚趾下又有小的趾垫，它起着极好的缓冲作用。每个脚趾上长有锋利的三角形尖爪，尖爪平时可卷缩隐藏在趾毛中，只有在摄取食物、捕捉猎物、搏斗、刨土、攀登时才伸出来。猫爪生长较快，为保持爪的锋利，并且防止爪过长影响行走和刺伤肉垫，常进行磨爪。

（2）**肌肉**　猫的皮肌发达，几乎覆盖全身。全身肌肉共有500多块，收缩力很强，尤其是后肢和颈部肌肉极发达，故猫行动快速，灵活敏捷。

2. 猫消化系统识别

猫的消化系统由口、咽、食管、胃、小肠、大肠、肛门及肝、胰、唾液腺等组成。

（1）**口**　猫的口腔较窄，上唇中央有一条深沟直至鼻中隔，沟内有一系带连着上颌，下唇中央也有一系带连着下颌。上唇两侧有长的触毛，是猫特殊的感觉器官，其长度与身体的宽度一致。猫舌薄而灵活，猫齿齿冠很尖锐，有撕裂食物的作用。

（2）**咽**　口腔后端的一个空间，是食物和空气出入的交叉道。

（3）**食管**　为肌性直管，位于气管的背侧。猫的食管可反向蠕动，能将吞下的大块骨头和有害物呕吐出来。

（4）**胃**　胃呈弯曲的囊状，右端窄，左端大，位于腹前部，大部分偏于左侧，在肝和膈之后。猫胃为单室有胃腺，胃腺十分发达，分泌盐酸和胃蛋白酶，能消化吞食的肉和骨头。

（5）**肠**　小肠分为十二指肠、空肠和回肠。大肠分为盲肠、结肠和直肠。在肛门两边有两个大的肛门腺，开口于肛门。

（6）**肝、胰和唾液腺**　肝较大，呈红棕色，有胆囊，位于腹腔的前部，紧贴于膈的后方。胰腺是扁平、不规则分叶的腺体，浅粉色，位于十二指肠"U"形弯曲之间，有大胰管和副胰管，开口于十二指肠。唾液腺特别发达，有腮腺、颌下腺、舌下腺、臼齿腺和眶下腺。

3. 猫呼吸系统识别

猫的呼吸系统由鼻腔、咽、喉、气管、支气管、肺等组成。

（1）**鼻腔**　由鼻中隔分成两部分。鼻中隔的前端有一条沟，将上唇分为两半。鼻黏膜内有大量的嗅细胞，嗅觉灵敏。

（2）**喉**　喉腔内有前后两对皱褶，前面一对即前庭褶，较犬等动物宽松，又称假声带，空气进出时振动假声带，使猫不断地发出低沉的"呼噜呼噜"声；后一对为声褶，与声韧带、声带肌共同构成真正的声带，是猫的发音器官。

（3）**气管和支气管**　是呼吸的通道，气管由不完全的软骨环组成，末端分为左、右支气管。

（4）**肺**　右肺较大，分4叶；左肺较小，分3叶，其中前两叶基部部分缔连在一起，所以左肺只有完全分开的2叶。猫肺体积较小，不适宜长时间剧烈运动。

4. 猫泌尿系统识别

猫肾脏位于腰椎横突下方，在第3～5腰椎腹侧，右肾靠前，左肾靠后。肾被膜上有丰富的被膜静脉，这是猫肾所独有的特点。猫一昼夜排尿量为100～200mL。

5.猫生殖系统识别

（1）公猫生殖器官 包括睾丸、附睾、副性腺、输精管、尿道、阴囊和阴茎。猫的副性腺只有前列腺和尿道球腺，无精囊腺。猫的阴囊位于肛门的腹面，中间有一条沟，为阴囊中隔的位置。猫的阴茎呈圆柱形，远端有一块阴茎骨。

（2）母猫生殖器官 包括卵巢、输卵管、子宫和阴道。子宫属双角子宫，呈"Y"形。

猫是著名的多产动物，在最适条件下，母猫6～8个月就能达到性成熟。母猫的发情表现为，发出连续不断的叫声，声大而粗。猫一年四季均可发情，但在我国的大部分地区，气候较热季节发情少或不发情。猫的发情周期一般是14～21天，发情期可持续3～6天。猫为刺激性排卵动物，受到交配刺激后，约24小时卵巢排卵。母猫妊娠期60～63天。

四、犬的体尺测量标准

（1）**体高（或叫耆甲高）** 肩胛骨顶点到地面的垂直高度。

（2）**腰角高** 腰角到地面的垂直高度。

（3）**荐高** 荐骨最高处到地面的垂直高度。

（4）**臀端高** 坐骨结节上缘到地面的垂直高度。

（5）**体长** 肩胛前缘到坐骨突起的距离。

（6）**胸深** 由肩胛骨定点至胸骨下缘的直线距离（沿肩胛后量取）。

（7）**胸宽** 肩胛后角左右两垂直切线间的最大距离。

（8）**腰角宽** 两侧腰角外缘间的距离。

（9）**臀端宽** 两侧坐骨结节外缘间的直线距离。

（10）**头长** 两耳连线中点至吻突上缘的直线距离。

（11）**最大额宽** 两侧眼眶外缘间的直线距离。

（12）**胸围** 沿肩胛后角量取的胸部周径。

（13）**管围** 左前肢前臂骨上1/3最细处的水平周径。

II 犬、猫的美容保定

准备工作

1. **动物** 小型犬、大型犬和猫每组各一只。
2. **工具** 绳圈、绷带、嘴套、伊丽莎白项圈、美容台、防滑垫。

操作方法

1.准备保定工具

识别绳圈、绷带、嘴套、伊丽莎白项圈、美容台、防滑垫等保定工具，并分清各种工具的用途（图1-2-1）。

(a) 绳圈

(b) 绷带

(c) 防滑垫

(d) 嘴套

(e) 伊丽莎白项圈

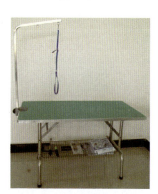

(f) 美容台

图1-2-1 各种保定工具

2. 练习常用的保定方法

主要以犬为例说明。

（1）**试探**　第一次接近陌生犬时要先了解犬是否具有攻击性。有恐惧心理和警戒心的犬，要边唤它的名字边靠近，在其视线下方用手背去试探（图1-2-2），使其安定，放松警惕。不要去抚摸和搂抱犬，以免受到无谓的伤害。

（2）**正确的抱犬**　抱大型犬时，美容师要先蹲下，一只手搂着胸部和前肢，另一只手搂着臀部，将犬搂到胸前（背部要保持挺直）抱起（图1-2-3）；对于小型犬，要将一只手放在它的前肢和胸下面，护着幼犬的胸部，另一只手托住后肢和臀部（图1-2-4）。

图1-2-2 试探

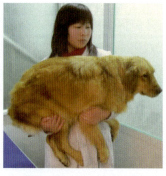

图1-2-3 抱大型犬的方法

图1-2-4 抱小型犬的方法

将犬的前肢握住抬起，这样，犬的重量全部集中在犬的前臂骨处，容易造成骨折或脱臼；同时抱两只犬，容易引起两只犬的争斗，或因抱不稳而脱落。这些都是错误的抱犬方法（图1-2-5）。

图1-2-5　固定犬只

（3）放置宠物犬在美容台上　选择一个合适、安全的美容台。

（4）调整固定杆　为防止犬从美容台上跳下，要根据犬的大小高低调整美容台上的固定杆高度，并将旋钮固定紧（图1-2-6），以防因固定杆松动下落而砸伤犬只。如果美容台过滑，要用防滑垫。

（5）固定犬只　首先将绳圈套过头部和一侧前肢，斜挎于犬的前身，调整绳圈的大小至适当位置，然后将绳圈的一端与固定杆连接（图1-2-7）。

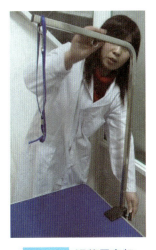 

图1-2-6　调整固定杆　　　图1-2-7　固定犬只

（6）训练站立　对于初次美容的犬，要逐渐延长它在美容台上的站立时间，当它能适应并安静地站立后，可予以鼓励。开始训练时，要经常梳毛、抚摸，以消除其恐惧心理，使犬慢慢地进入状态，以便修剪操作（图1-2-8）。

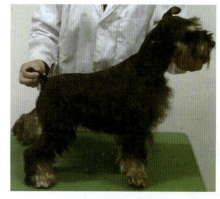

图1-2-8　训练站立

图1-2-9　长嘴犬的嵌口保定法

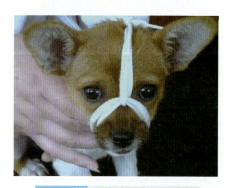

图1-2-10　短嘴犬的嵌口保定法

（7）语言保定方法　美容过程中，要用温和的语调与犬、猫说话，以使它们情绪安定。但是，遇到特殊好动的犬，如果总是安定不下来，可以试着用严厉的语调对它说话。

3. 练习其他保定方法

（1）嵌口法（绷带保定法、扎嘴保定法）

① 长嘴犬的保定方法　用适当长度的绷带条在中间绕两次，打一个大的活结圈，套在犬嘴上，在下颌下方拉紧，然后将两个游离端拉向耳后，在颈背侧枕部收紧打结（图1-2-9）。

② 短嘴犬的保定方法　在绷带的1/3处打一个大的活结圈，套在犬嘴上，在下颌下方拉紧，将两个游离端拉向耳后，在颈背侧枕部收紧打结，然后将其中长的游离端引向鼻侧，穿过绷带圈，再返转至耳后与另一游离端收紧打结（图1-2-10）。

（2）嘴套保定法（图1-2-11）　选择合适的嘴套给犬戴上并系牢，保定人员抓住脖圈，防止将嘴套抓掉。

（3）伊丽莎白项圈保定法（图1-2-12）　将伊丽莎白项圈围成圆环套在犬、猫颈部。然后利用上面的扣带将其固定，形成前大后小的漏斗状。

（4）修脚底毛或剪指甲时的保定方法　与犬身体方向相反，用胳膊夹住犬的肩部（大型犬直接用胳膊夹住犬的前肢或后肢），一只手抓住犬的脚部，另一只手工作，此法称为反身固定法（图1-2-13）。与犬身体方向相同，操作方法与反身固定法相似，称为正身固定法。

图1-2-11　嘴套保定法

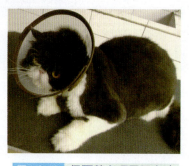

图1-2-12　伊丽莎白项圈保定法

图1-2-13　反身固定法

注意事项

1. 观察犬表现时的注意事项

（1）**注意判断犬的情绪**　犬的不同表现之间有时界限并不是太清晰，这时，年龄、种类、性别和成长史将会成为判断它的情绪状况的第二参照标准。比如，恐惧的犬可能在表示恐惧的同时渴望社交，只不过是缺乏互动的自信罢了，这时应适当地给予鼓励。

（2）**鉴别压力的表现，为犬缓解压力**　犬压力的表现包括打哈欠、舔嘴唇、耳朵向后靠、瞳孔扩大、身体蜷曲、尿频、呼吸短促等。

（3）**注意常见的误导表现**

① 晃动尾部并不总是代表着友好的示意。

② 背部毛发竖立并不总是攻击的信号。

③ 跳起并不总是意味着友好或甘受控制。

④ 坐在你的腿上并不总是友好的标志。

⑤ 打滚并不总是屈从的标志。

2. 观察猫表现时的注意事项

猫的脾气与犬完全不同，用与犬交流的方法跟猫交流是行不通的，而且猫通常不会听从人的指令，也不容易用绳子和锁链控制。猫对响声或突然的噪音非常敏感，因此需要非常安静的美容环境。

在给猫美容的过程中，需要谨记三件事：尽量用最短的时间做完美容工作；根据猫的脾气来随机应变；在每个步骤之间要让猫得到适当的休息。

3. 犬在美容院的注意事项

（1）**控制好危险性大的犬**　在美容院里，要注意员工和美容师自身的安全，提前预防那些有恐惧感或反应比较强烈的犬。对于危险性很大的犬，最好还是事先给它带上链子，并把链子的尾端放在笼子外面，这样能够先抓住链子的尾端，然后鼓励犬走出笼子。但是在没有管理人员的时候，不能给它一直带着链子。因为一旦它们自己把链子缠到脖子上就可能会有生命危险。

（2）**安排好犬的位置**

① 要避开繁忙的区域。

② 胆小、害怕的犬应该跟安静、友善的犬放在一起。

③ 两只犬即将擦肩而过的情况下，注意保持牵引者的位置在两只犬之间，避免它们发生冲突。

4. 美容师应注意的问题

（1）首先向宠物主人了解动物的习性，是否咬人、抓人及有无特别敏感部位不能让人接触。

（2）美容操作中要用的工具都要事先准备好，确保美容师的手一直能触摸犬、猫。

（3）美容师要用手托住犬、猫的身体以使其保持稳定，使美容工具与犬、猫之间保持一定的距离。

（4）接触一只陌生犬时，在确定了所有的肢体语言之后，再进行眼神的直接接触。

（5）在伸手触摸脾气不好的犬、猫时，一定要将手背冲着它伸过去。

（6）不要总想着要控制犬，要用温和的语调与犬交流。

参考资料

一、犬、猫的习性

1. 犬的主要行为特点

（1）**表示友好，喜欢和人们互动** 犬表示友好时比较冷静，眼神温和，动作放松（图1-2-14）。尾巴自然下垂至半高状态，并不时地轻松晃动。如果你跟它打招呼，它的尾巴会稍微下垂，可能还会抬起一只前爪表示友好。耳朵会放松，稍微耷拉一些，还可能通过往你身上靠或者主动靠向你的手以示它与人类交流的欲望。

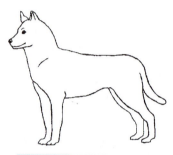

图1-2-14 犬友好时的神态

（2）**机警，随时准备保护自己** 犬处于警觉状态时（图1-2-15）会随时准备为保卫自己而战。眼神接触的时间较长，而且坚定。移动时行动缓慢，尾巴高高抬起，有时尾巴会僵直地晃动，通常只有尾巴尖端的地方高频率地晃动，如果这时你离它太近，它可能会跳起来反击。叫声低沉，同时伴有吸气和露齿，耳朵向前竖起，此外，骑在别的狗身上，挑衅，舔舐其他狗的生殖器以及尾巴垂直快速地晃动等行为都可能表示犬处于机警状态。

图1-2-15 警觉的犬

（3）**害怕，避开与人互动** 犬感到恐惧时（图1-2-16）会试图离开让它产生恐惧的人或物。尾巴很低，而且通常夹在两腿之间。恐惧初期的表现为舔嘴唇和面部恐惧表情（耳朵向后，嘴唇向后拉开，露出牙齿）（图1-2-17）。耳朵向后紧贴头部，身体前部低倾，而且避免眼神接触。这时它的眼睛会环顾四周，有时还会竖起背部的毛发。当出现缓

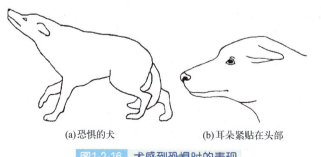

(a) 恐惧的犬　　　(b) 耳朵紧贴在头部

图1-2-16 犬感到恐惧时的表现

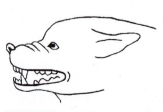

图1-2-17 犬恐惧时露出牙齿

慢而拘谨的行动且用力吸气时，就要格外小心了。此外，犬害怕时的叫声没有节奏感，肛门腺可能排空，甚至还会小便或大便。

2. 猫的行为特点

（1）猫表示友好的方式　猫表示好感的最常见方法是用尾巴绕，用头或身体碰，用耳背或脸蹭；舔，像舔其他猫一样，这表示信任和好感，当人抚摸它之后，它会舔自己，"品尝"人的气味；猫尾巴直竖是表示非常强烈的好感；翻滚身体表示"跟我玩吧"；把爪子放在人的手臂上是表示它对人很有好感。

（2）警告信号　有时，猫的攻击好像毫无征兆，但是，通常在攻击前会有大量的警告信息。猫的一些攻击（或者潜在性地攻击）信息在身体上主要有如下表现：睁大眼睛；瞳孔放大（如果感到受到威胁）或瞳孔极度缩小（当猫试图反击的时候）；耳朵放平；尾巴笔直或者鞭打，尾毛直立；由不安的喵喵叫变成咆哮或是嚣叫，或发出嘶嘶声，有时甚至是发出吐痰的声音。

二、常用保定工具的介绍

1. 绳圈

（1）用途　可将犬固定在美容台上，以便美容的顺利进行。

（2）类型　市售尼龙、铁链或皮革绳圈。按犬的个体大小，应选择合适长度和宽度的绳圈给犬戴上。宽度一般有1/4in、3/8in、1/2in、5/8in、3/4in、1in，其中1/2in和5/8in的是比较常用的，因为这种宽度比较舒适，而且也比较容易抓紧。

（3）说明　长度尽量要收短，但也要注意，千万不要让犬有被勒紧的感觉。大型犬使用的绳圈，尤其要注意是否采用了重型塑料插扣（加厚材质）。

2. 绷带

（1）用途　快速系紧犬的嘴部，以免工作人员被犬咬伤。

（2）类型　纱布条或布条（长1～1.5m，宽2～5cm），或市售绷带。

（3）说明　大型犬最好用结实的或双层纱布条，不结实或没戴好就保证不了安全，存在被犬咬伤的危险。绷带保定法会抑制喘气，因此，对厚毛动物或处于高温环境时，需明智地使用它，当动物出现呼吸困难或开始呕吐时要立即解除绷带。如果要迅速解除难以驾驭的犬的绷带，需解开蝴蝶结并拽住绷带的两端。

3. 嘴套

（1）用途　快速保定犬的嘴部，以免工作人员被犬咬伤。

（2）类型　市售尼龙、塑料、人造丝或皮质嘴套；按犬的个体大小分为大、中、小三种，应选择合适的嘴套给犬戴上。

（3）说明　市售尼龙或人造丝嘴套在使用前后都必须消毒，以免造成疾病的传播。好的嘴套需要具备下列条件：不会弄伤宠物，搭扣使用方便、能快速操作，不易脱落，容易清洗。嘴套会抑制喘气，因此，对厚毛动物或处于高温环境时，需灵活使用，当动物出现

呼吸困难或开始呕吐时要立即解除嘴套。如果要迅速解除难以驾驭的犬的嘴套，需解开蝴蝶结并拽住嘴套的两端。

4. 伊丽莎白项圈

（1）**用途** 将项圈戴在难以驾驭的犬、猫的颈部，是为了防止美容时动物咬人以及自咬或自舔。

（2）**类型** 一般应选择坚韧而有弹性的材料来制作项圈（如塑料），而不用易折的材料（如纸板）。项圈的合适长度应比动物吻突长2～3cm，并使项圈的基部对着肩部向后拉。也可用市售伊丽莎白项圈，并按犬的个体大小选择合适的项圈。

（3）**说明** 主要用于凶猛咬人的犬、猫。

5. 美容台

（1）**用途** 美容时可用绳套将犬固定在美容台上，方便美容师为犬美容。

（2）**类型** 因使用的场合不同，大约可分下列数种类型：

① 轻便型　材料轻便易于携带，适合犬展或旅行时使用。

② 大众型　稳固，犬只躁动时不摇晃，适合在美容店使用。

③ 油压或汽动型　沉重不易挪动，高低可以自由调整，并且能360°旋转，不论大小型犬只，美容过程中都可配合美容师的身高及习惯。

（3）**说明** 没有经过训练的犬、猫不会安静地让美容师对其进行美容，因此，有一个能够保定、防滑、安全的美容台是必要的。美容台的高度要适合美容师的身高，固定杆要稳固，高度可以根据犬、猫身高自由调整，桌面容易清理。

6. 防滑垫

（1）**用途** 防止美容台过滑。

（2）**类型** 常见的有PVC或橡胶材质。

（3）**说明** 常于犬、猫洗浴和浴后吹干时垫在美容台上。

Ⅲ　美容工具的使用

准备工作

1. **动物**　长毛犬和短毛犬各一只。

2. **工具**　美容梳、针梳、分界梳、开结刀、鬃毛刷、电剪、直剪、弯剪、牙剪、趾甲钳、拔毛刀、止血钳、吹风机、吹水机。

操作方法

1. 识别美容梳、针梳、分界梳、开结刀、鬃毛刷、电剪、直剪、弯剪、牙剪、趾甲钳、拔毛刀、止血钳、吹风机、吹水机等美容工具，并分清各工具的用途。常用美容工具如图1-3-1所示。

图1-3-1 常用美容工具

1—美容梳；2—趾甲钳；3—趾甲挫；4—直剪；5—牙剪；6—针梳；
7—开结刀；8—电剪

2. 练习美容梳、针梳、趾甲钳、拔毛刀、止血钳等工具的手持方法和使用方法。各工具的手持方法如图1-3-2所示。

3. 练习使用电剪

电剪的手持方法有手握式和抓握式（图1-3-2）。分别用两种方法为实验犬剪毛。

(a)美容梳手持法　　　　(b)针梳手持法　　　　(c)止血钳手持法

(d)趾甲钳手持法　　　　(e)开结刀手持法　　　　(f)直剪手持法

(g)电剪的抓握法　　　　(h)电剪的手握法　　　　(i)拔毛刀的手持法

图1-3-2 各种美容工具的手持方法

使用电剪要注意以下几点。

（1）手握电剪要轻、灵活。

（2）刀头平行于犬皮肤平稳地滑过，移动刀头时要缓慢、稳定。

（3）要确定试刀头号是否合适，要先在犬的腹部剪一下试试。

（4）在皮肤敏感部位要随时注意刀头温度，如果温度高，需冷却后再剪。

（5）在皮肤褶皱部位要用手指展开皮肤再剪，避免划伤。

（6）耳朵皮肤薄、柔软，要扑在掌心上平推，注意压力不可过大，以免伤及耳朵边缘皮肤。

（7）用完后立即清理刀头，注意刀头的保养（见"参考资料"）。

4. 练习直剪的手持方法（图1-3-2）和运剪方法。

（1）将无名指伸入一指环内。

（2）食指放于中轴后，不要握得过紧或过松。

（3）小拇指放在指环外支撑无名指，如果两者不能接触，应尽量靠近无名指。

（4）将大拇指抵直在另一指环边缘，拿稳即可。

（5）按照运剪口诀练习水平、垂直、环绕运剪。

运剪口诀：由上至下、由左至右；动刃在前、静刃在后；眼明手快、胆大心细。

5. 练习使用完美容工具后清点工具并工整地放入工具箱中，清理工作场所。

一、常用美容工具的介绍

1. 针梳

（1）**用途** 打开缠结的被毛或去除底毛。钢针较细且富有弹性，能穿入毛球内部，梳理时遇到阻碍就可以弹出，可减少毛发损伤。

（2）**类型** 按尺寸分大、中、小三种，一般通用中尺寸；按质地分硬质和软质两种，前者胶板为红色，针硬，适用于严重打结的情况，后者胶板为青色，针柔软，不易伤到皮肤，适用于被毛有少量缠结的情况。

（3）**说明** 好的针梳"〈"形钢针尖端平整，胶板与钢针密合且有一定弹性，木质握把。

2. 美容梳

（1）**用途** 用于被毛的梳理和挑松，以及剪毛时配合剪刀挑毛。

（2）**类型** 标准梳全长22.5cm，针长4.5cm，疏密两用，适用于各种类型的毛发梳理。蚤梳用于清除毛发中的蚤、蜱，或清理眼睛下方的泪垢，小型、密齿。由于一些除虫浴液的使用，蚤梳已不常使用了。

（3）**说明** 美容梳是最常用的梳理工具，好的美容梳需要具备以下条件：材质坚硬

（以金属制品为主），不易弯曲变形；表面镀层好，能防静电；疏密两边重量平均，中心点一致；针尖圆滑，不卡毛。

3. 开结刀

（1）**用途**　用于针梳梳不开的严重结节的毛球的梳理，其锐利的刃部可以快速省力地打开毛球，且不会伤到皮肤（开结刀的快口都设计在内侧，碰不到宠物的皮肤，刀头部位加粗并经过了钝化处理）。

（2）**类型**　有刀片嵌入型和刀刃型两种，常用的为后者。刀刃型又分为单刃型和多刃型，单刃型适用于严重硬化的毛球，多刃型适用于中度缠结的毛球或单刃型的后续操作。

（3）**说明**　好的开结刀要钢质好，握把适手，刀头经过钝化处理。

4. 毛刷

（1）**用途**　用于快速梳理被毛，促进毛发的新陈代谢，长毛犬、猫的被毛保养和短毛犬、猫的皮肤按摩都可以使用。

（2）**类型**

① 金属针型　半球形的胶板充满空气，梳理时针尖伸缩自如，多用于被毛需要经常护理的宠物，以及吹风干燥、打散毛发的护理。好的金属针毛刷需要有弹力，松紧适度，不易缩针，针尖经过钝化处理，木质握把为好。

② 兽毛型　又称鬃毛刷，柔性好，不伤毛，适用于短毛犬的皮肤按摩和长毛犬的被毛上油。该毛刷的材料最好是猪鬃。

③ 尼龙毛型　与兽毛刷用途基本相同，且价格低廉，但是易产生静电，引起被毛结节，所以适合宠物沐浴时使用。

④ 橡胶粒型　适用于宠物沐浴时或短毛犬去除死皮时的被毛梳理。

⑤ 手套型　用于去除底毛或给外层被毛增亮。

5. 电（动）剪

（1）**用途**　快速去除被毛（如足底、下腹、肛门周围的被毛），进行初步造型。

（2）**类型**　宠物美容专业人员使用的电剪主要有两种类型。

① 电磁振荡式　美式电剪，速度快，但容易因高温而烫手，需要配合冷却喷雾使用。

② 马达回转式　日式电剪，运转速度稍慢，但机身较轻。

（3）**说明**　不能用宠物电剪剪人的毛发，这样会缩短使用时间。好的电剪要耐磨损，使用时间长，易修理，零件耗材易购买。

6. 电剪刀头

（1）**用途**　配合电剪使用，根据宠物的被毛长度和疏密程度，以及初步造型后要求的长度，选择不同型号的刀头。

（2）**种类**　宠物美容常用的刀头有以下几种。

$30^{\#}$（0.25mm）——用于剃足底、下腹和肛门周围的被毛，以及贵宾犬的造型。

$10^{\#}$（1.6mm）——使用范围较广，适合犬的全身被毛剃除和局部修整，可接近皮肤自

然颜色且不伤皮肤。

$7^{\#}$（3.2mm）或 $5^{\#}$（6.3mm）——适合长毛犬或卷毛犬做短型剪法的前置粗胚用。$7^{\#}$刀头还可用于剃埂类犬的背部被毛。

$4^{\#}$（9mm）——用于贵宾、京巴、西施犬的身躯修剪。

（3）**刀头的保养**　在刀头使用前都要先去除防锈保护层，每次使用完之后都要彻底清理，并涂上润滑油，保持做周期性的保养。去除防锈保护层方法：在一小碟去除剂中浸泡刀头，使之完全浸泡在试剂中，一分钟后取出刀头，吸干试剂，涂上一薄层润滑油，用软布包好收起。使用中要避免刀头过热，使用冷却剂不仅能冷却刀头，而且还能够去除黏附的细小毛发和残留的润滑油残渣。只要把刀头卸下来，正反两面均匀喷洒冷却剂，几秒钟后即可降温，冷却剂还可以完全挥发掉。

（4）**说明**　刀头的号越大，所留的被毛越短。逆毛推和顺毛推所留被毛长度不同，使用时应根据具体要求选择。好的刀头钢质硬度高，耐磨。

7. 美容剪

（1）**用途**　用于宠物的立体修剪造型和细微修饰。

（2）**类型**

① 7寸（21cm）直剪、8寸（24cm）以上直剪，用于全身修剪。

② 5寸（15cm）直剪，用于配合7寸直剪进行细节部位的修剪（如脚底和头部的修剪）。

③ 7寸弯剪，用于有弧度的造型（如贵宾犬各种造型中的圆球修饰）。

④ 牙剪，又称打薄剪，用于剪除大量浓密被毛，且不显出参差不齐的痕迹，或用直剪修理完最后定型时修剪出毛发的层次感。

（3）**注意事项**　保持剪刀的锋利，不要用剪刀剪宠物毛发以外的东西，不要修剪脏毛；每次用完后要用清洁油清洗刀口，防止生锈；千万不要放在美容台上，防止摔落地上，防止撞击；正确握剪刀以减少疲劳，提高效率。

（4）**说明**　美容剪是宠物美容师使用频率最高的一种工具，其中最常用的是直剪。因为宠物的毛质更细更松，所以它比一般的剪刀更加锋利，而且刀口间的缝隙也更加齐整，使用时一定要保持刀刃锋利。好的美容剪要求钢质良好，握感舒适，双刃结合成标准水平线，刀尖无锐角。

8. 趾甲钳（刀）

（1）**用途**　用于宠物的趾甲修剪。

（2）**种类**

① **通用型**　编号为42581的趾甲钳，可用于一般家庭饲养的犬、猫。

② **大型**　超大型犬、猫足爪厚硬，必须用编号为42590的趾甲钳。

③ **猫剪型**　适用于剪除猫类勾爪内敛的趾甲，编号为42595。

（3）**说明**　好的趾甲钳（刀）要求刀片锋利，刀口平整，刀头可更换或修磨。

9.止血钳

（1）用途　用于拔除内外耳毛，清理耳道，夹除齿缝异物及体表寄生虫。

（2）种类　按长短可分大、中、小号。按形状分为直型和弯型。一般宠物美容用小号弯型钳。

10.拔毛刀

（1）用途　可拔除死毛，加速毛发新陈代谢，使毛质硬化，以符合㹴类犬或刚毛犬的毛质要求。它是犬类专用工具，定期使用，可使犬只处于最佳毛质状态。

（2）种类

① SS细目刀FINE KNIFE（有刃型）　上下毛连拔带割，施行于头部（耳、颊、头盖及混合部位）。

② S中目刀MIDDLE ARM（有刃型）　适用于头、前胸、尾、大腿内侧。

③ M粗目刀COARSE KNIFE（无刃型）　适用于体躯（背、胸、腹、股）。

（3）说明　犬类大都要求被毛粗硬，但因分布位置不同，毛的粗细也就有所差别，因此需要选择合适的刀具，施行各部位的分区拔毛。

11.吸水巾

（1）用途　沐浴后吸干被毛水分。

（2）说明　吸水巾用吸水海绵制成，体积小，吸水量大，又可重复使用，是宠物美容的必需品。好的吸水巾要求收缩膨胀比高，表面光滑不伤毛，耐拧耐拉，常湿状态下不易发霉。

12.分界梳

（1）用途　用于给犬扎辫以及包毛时给毛发分股。

（2）说明　一侧有齿，很密集，另一侧为握柄，握柄末端较细，容易使毛发分离。

13.美容纸

（1）用途　保护毛发及造型扎辫使用。

（2）种类

① 美式　混合塑胶成分，利防水，但透气性差。

② 日式　颜色多样化，美观但不防水。

③ 台湾制　单一白色，价廉。

（3）说明　长毛犬发髻的造型结扎，以及全身被毛保护性的结扎，都需使用它来固定，以便与橡皮圈作阻隔缓冲。好的美容纸要求具有良好的透气性和伸展性，耐拉、耐扯，不易破裂。长、宽适度（长40cm，宽10cm）。

14.橡皮圈

（1）用途　毛发结扎固定使用。

（2）种类　根据材质分为乳胶和橡胶两种，前者不粘毛、不卷纸，但弹性稍差。后者弹性佳、价廉，但易粘毛。

（3）说明　美容纸、蝴蝶结、发髻、被毛等的固定，以及美容造型的分股、成束，都需利用不同大小的橡皮圈，一般最常使用的大约是7号和8号，超小号的使用者大都是以犬展为目的的专业美容师。

15. 染毛刷

这是为方便宠物染毛而特设的产品，一头是斜面毛刷，用来上染毛剂为宠物染毛，另一头是梳子，可在染完毛之后梳理毛发，让颜色更快渗入。

二、常用美容器材的介绍

1. 吹风机

（1）用途　宠物被毛干燥、整形。

（2）种类

① 台式　置于工作台上，可以随时调整位置，价格低廉，但占用操作空间，国内很少使用。

② 立式　有滑轮脚架可四处移动，出风口可360°旋转，中等价格，使用最广泛。

③ 壁挂式　固定于墙壁，有可移动的悬臂（高低45°，左右180°），最节省空间，但价格昂贵。

（3）说明　好的吹风机要有耐用的电动机，热量和分量可以调节，出风口上下左右可调节，进风口容易清理。

2. 吹水机

（1）用途　快速吹掉宠物被毛表面的水分和下层绒毛上的水分，极大地提高了工作效率。一般在使用吹风机吹干之前，先使用吹水机吹致七、八分干，这样可以加快被毛干燥时间，避免宠物感冒。

（2）种类　根据温度和风速的不同可分为变频吹水机和不变频吹水机；根据放置方式的不同可分为台式、立式和挂壁式三类（与吹风机类似）。

（3）使用注意事项

① 保持进风口畅通，不得有障碍物阻隔，以防烧坏机体。

② 风量开关未打开前，不得打开加热开关。

③ 定期清理进风口网，保持风口清洁通畅。

④ 进风口应远离水源，以防吹水机内进水。

⑤ 风量开关灯打开后，未有风吹出时，应检查电源是否连接好。

（4）说明　吹水机具有极高的出口风速，可将宠物底层绒毛内的水迅速打散吹飞，且带有辅助加温功能，能够极大限度地缩短被毛的干燥时间。尤其适用于洗完澡不需要修剪造型的犬。

3. 宠物烘干机（箱）

（1）用途　自动烘干宠物被毛。

（2）类型　多为不锈钢材质，有大、小不同尺寸。按功能分为只具有烘干功能的烘干机和附带洗澡功能的烘干机。另外，不同厂家生产的还附加了一些不同的辅助功能，如定时功能、自动控温功能等。

（3）说明　宠物烘干机（箱）是宠物美容店必备的美容工具之一，此设备应为全不锈钢材质，易于清洁消毒，防刮抗震。使用时应注意以下问题。

① 依毛量及体型控制时间。

② 发情母犬不可与任何公犬同箱烘干。

③ 老犬及紧张型犬、猫不可使用，应改用手吹，因前者易休克，后者容易于箱内跳跃、冲撞时受伤。

④ 及时清理机器，防止意外发生。

⑤ 除非寒流来袭，烘干箱内的温度一般在40℃以下最为适宜。

一、美容与护理的概念

宠物美容与护理是指，使用工具及辅助设备，对各类宠物（可家养的动物）进行毛发（羽毛）、指爪、耳朵、眼睛、口腔等部位的清洁、修剪、造型及染色的过程。宠物的美容与护理不但能美化宠物外观，而且还能起到对宠物保健的作用。此外，还能规范宠物的一些不良行为。

二、宠物美容与护理的重要性

（1）宠物美容能遮掩体形缺陷，增添美感。

（2）宠物美容与护理能给宠物增添清爽舒适的感觉，使宠物整洁健康。

（3）对宠物进行定期的美容与护理，是每一个饲养者应尽的责任和义务。

（4）美容与护理是宠物与宠物主人重要的情感交流手段，能迅速建立更好的信任关系。

（5）美容与护理既起到美容效果，同时也提供了一个仔细检查身体的好机会，以便及早发现宠物的身体异常。

例如，宠物受到一些轻微的外伤，如果不及时发现就会引起感染，经常护理就能及早发现。另外，宠物脱毛，除了正常的周期性换毛外，还有很多原因，如室内晚上开灯打乱了正常的光照循环、甲状腺机能下降、皮肤寄生虫病、激素分泌异常等都能引起犬的脱毛，因此，可以借助美容护理的机会仔细检查，查找原因，及时处理。

三、宠物美容与护理从业人员的基本要求

作为一名宠物美容与护理人员，要具备从业的"五颗红心"，即对宠物的爱心与耐心，

对工作的细心与责任心,同时更要对自己有自信心。

1. 热爱这个行业,真正地喜爱宠物,全身心地投入工作,力求做到最好

在进入这个行业之初,要了解宠物美容与护理这项工作的重要性,相信自己能够通过不懈的努力掌握熟练的技术,通过不断的学习在工作中做到精益求精。对每一只宠物都要付出自己的爱心和耐心,了解它们的生理需求,理解它们的情感需要,当它们出现烦躁不安的情况时要温柔对待,缓解宠物的紧张和恐惧的心情,绝不能使用暴力迫使宠物服从。

2. 掌握熟练各项操作技术,不断学习,追求进步,每一个细节都应追求完美

从事宠物美容与护理行业最重要的就是学好技术,掌握扎实的理论功底,通过上百次甚至上万次的练习练就炉火纯青的本领。宠物美容与护理行业最大的特点是业内信息更新速度快,技术水平发展迅速,这就要求从业人员要通过不断的学习充实自我,完善自我,才能跟上行业发展的脚步。宠物美容与护理是宠物主人对其饲养的宠物在健康和美观方面提出的更高要求,所以,对宠物进行美容与护理时,不论是修剪还是简单的清洁护理,每一个细节都要做到细致,只有将细节做到最好,才能得到完美的美容与护理效果。

3. 了解宠物行业的相关知识,完善从业人员的知识体系

美容与护理行业不但包含宠物的美容、护理技术,同时还涉及宠物的解剖、生理、饲养、繁殖、训导、心理等方面的知识。除此之外,从业人员还应掌握美学、社会学、管理学、经济学、关系学等方面的相关知识。所以,从业人员不但要掌握熟练的美容、护理技能,同时还应具有丰富的知识和较高的素养。

只有做到以上三点,宠物美容与护理从业人员才能做好这项工作,更好地满足宠物主人和宠物的需要,才能在行业中得到不断的发展。

关键技术二　宠物的清洁美容

Ⅰ　被毛的刷理与梳理

准备工作

1. **动物**　长毛犬、短毛犬和长毛猫、短毛猫每组各一只。
2. **工具**　美容梳、针梳、分界梳、开结刀、鬃毛刷、钢丝刷、针刷、橡皮刷。

操作方法

1. 犬被毛的刷理

（1）**刷理的顺序**　通常从犬的左侧后肢开始，从下向上，从左至右，依次刷理后肢—臀部—身躯—肩部—前肢—前胸—颈部—头部（图2-1-1）。一侧刷理完毕换另一侧，最后刷理尾部，刷理肩部时不要忽略腋窝部位。

（2）**选择合适的工具**　长毛犬因其被毛较长，使用钢丝刷会扯断被毛，应选择圆头针

(a) 刷理臀部

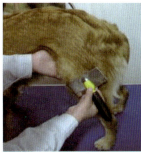
(b) 刷理后肢

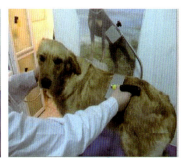
(c) 刷理后背

图2-1-1

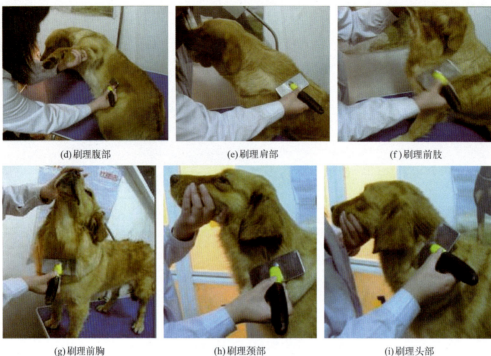

(d) 刷理腹部　　　　(e) 刷理肩部　　　　(f) 刷理前肢

(g) 刷理前胸　　　　(h) 刷理颈部　　　　(i) 刷理头部

图2-1-1　犬的被毛刷理

刷或鬃毛刷；短毛犬可使用平滑的钢丝刷；光毛犬则可选择橡皮刷。

（3）分层刷理　一只手掀起被毛，轻轻压于掌下，另一只手从被毛根部向外刷理，保证一层一层地进行刷理，每层之间要看得见皮肤。

（4）反复刷理　确保刷遍犬全身，包括尾巴和足部，刷掉死毛和灰尘。

（5）刷开小毛结　如果遇到毛结，应先用手轻轻将毛结拉松，再压住毛根，将毛结一点点梳开。如果毛结过大或较结实，则去除毛结。

2. 犬被毛的梳理

（1）梳理的顺序　用美容梳由颈部开始，由前向后，由上而下，依次梳理前肢—胸部—背部—侧腹—腹部—尾部—后肢（图2-1-2），最后梳头部。梳理方法是：先顺梳，后逆梳，再顺梳。梳完一侧，再梳另一侧。

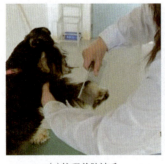  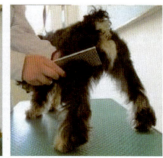

(a) 梳理前肢被毛　　(b) 梳理颈背部被毛　　(c) 梳理犬后肢被毛

图2-1-2　犬被毛的梳理

（2）**去除被毛毛结的方法** 遇到较大的毛结可以用以下3种方法处理。

① 用宽齿梳轻轻拨开较松的毛结。

② 用开结刀轻轻将较紧的毛结去除（图2-1-3）。

③ 如果毛结很紧很大，可用剪刀顺毛根方向将毛结剪开，再梳理（图2-1-4）。如果还梳不开，则直接贴着皮肤将毛结剪除，但要小心不能伤及犬的皮肤。

图2-1-3 用开结刀打开毛结

图2-1-4 用剪刀剪除毛结

3. 短毛猫的刷理与梳理

（1）用钢丝刷或金属密齿梳顺着毛的方向由头部向尾部梳刷。

（2）用橡皮刷沿毛的方向进行刷理。

（3）梳刷后，可用丝绒或绸子顺着毛的方向轻轻擦拭按摩被毛，以增加被毛的光泽度。

（4）梳理顺序是，先从背侧按照头部—背部—腰部的顺序进行，然后将猫翻转过来，再从颈部向下腹部梳理，最后梳理腿部和尾部。短毛猫因为毛质较硬，毛发较短，每周梳理两次即可，每次约30分钟。

（5）短毛品种平时进行被毛护理时，使用一块柔软湿布轻轻抚摸被毛，即可达到去除死毛和污垢的作用，只有当被毛污垢很明显时，再进行刷洗处理。

4. 长毛猫的刷理与梳理

（1）长毛品种要每天刷毛1次，每次5分钟。

（2）用钢丝刷清除体表脱落的被毛，尤其是臀部，应特别注意用钢丝刷刷理，此部位脱落的被毛很多。

（3）刷子和身体形成直角，从头至尾顺毛刷理；当被毛污垢较难清除时，可逆毛刷理。

（4）用宽齿梳逆向梳理被毛，梳通缠结的被毛，有助于被毛蓬松，还能清除被毛上的皮屑。

（5）用密齿梳进行梳理。颈部的被毛用密齿梳逆向梳理，可将颈部周围脱落被毛梳掉，同时形成颈毛。

（6）面颊部的被毛用蚤梳或牙刷轻轻梳刷，注意不要损伤到眼部。

（7）长毛猫每天要梳理被毛一次，每次梳理15～30分钟；当猫的被毛又脏又潮时，

可先撒些爽身粉,再进行梳理,毛就很容易变得松散了。

1. 在梳理被毛前,若能用热水浸湿的毛巾先擦拭犬的身体,被毛会更加光亮。

2. 梳刷被毛时应使用专门的用具,不能使用人用的梳子和刷子。

3. 梳毛时动作应柔和细致,用力适度,防止拉断被毛或划伤犬的皮肤。梳理敏感部位(如外生殖器附近)的被毛时尤其要小心,避免引起犬的紧张、疼痛。

4. 给比较温顺的犬、猫梳理被毛时可以让其侧卧在美容台上,这样可以让宠物更加舒适。

5. 梳毛时观察犬的皮肤,清洁的粉红色为良好。如果有外伤则需及时处理;如果呈现红色或有湿疹,则可能患有寄生虫病、皮肤病等疾病,应及时通知宠物主人,予以治疗。

6. 发现虱、蜱、蚤等寄生虫的虫体或虫卵后,应及时用钢丝刷进行刷拭,或使用杀虫药物进行治疗。

7. 若犬的被毛沾染严重,在梳毛的同时,应配合使用护发素和宠物干洗粉。

8. 对细绒毛(底毛)缠结较严重的犬,应以梳子或钢丝刷子顺着毛的生长方向,从毛尖开始梳理,再一点一点梳到毛根部,不能用力梳拉,以免引起犬的疼痛或是将被毛拔掉。

9. 猫比较难于控制,要从小训练,定期梳理,养成习惯。在梳刷被毛前,最好先给猫剪趾甲以防止被抓伤。猫对噪音非常敏感,要在非常安静的环境中进行。

10. 对于特别难控制的猫,最好由一位助手来完成保定工作。

11. 为猫进行刷理时,最好选择不易起静电的鬃毛刷。

12. 美容师在工作过程中要佩戴口罩,完成任务后要及时洗手。

一、犬的皮肤特点

犬的皮肤干燥,汗腺不发达,皮肤被覆于体表,皮肤厚度因不同品种差别很大,由外向内依次分为表皮、真皮和皮下组织三层。表皮由复层扁平上皮构成,表皮不断角质化、脱落,深层细胞不断分裂增殖以补充脱落的细胞,表皮内有大量的神经分布和密集的感觉末梢,能感受疼痛刺激、压力、温度和触摸,在指和趾末尖上的表皮角质化成为钩爪,钩爪发达而锋利,有攻击、攫食和掘土作用。真皮厚,由致密结缔组织构成,内分布有皮肤腺和许多毛根稍,并由毛根稍底部的毛球长出毛。皮肤腺和爪、毛等均属皮肤衍生物,还包括乳腺、汗腺、皮脂腺。乳腺(乳房)位于胸部和腹正中部的两侧,有4～6对;汗腺不发达,只在趾球和趾间的皮肤上有汗腺;皮脂腺多位于唇、肛门、躯干的背面和胸骨部，分泌皮脂，经导管开口于皮肤表面而涂于毛上，使毛具有光泽和弹性。

二、犬的被毛特点

犬的被毛具有保护犬免遭外界刺激和有助于维持正常体温的作用。被毛的结构由外层毛和次生毛两部分组成，外层毛或称粗硬毛，主要负责保护皮肤，特点是硬、厚、长；次生毛是短并呈绒状的保护性下毛（又称底毛），主要负责调节温度，质地柔软。厚厚的下毛对寒冷地区的犬来说很重要，但并非所有的犬都有下毛。被毛还具有美观和保护的功能，并能反映犬的整体健康状况。被毛可以是纯色的，也可以是杂色的。犬被毛的健康生长与汗腺和皮脂腺的关系很大。

被毛是一种角质的、柔软的、有弹性的丝状物。皮肤上面可见的那部分实际上是死掉的部分，犬的被毛在同一只犬躯体上存在多种不同的质地和分布。被毛的长度、粗细以及质地各不相同，它们的形状也不同，有直立的、柔软的、波浪状的、卷曲的等。许多因素都可以影响被毛的特征，年龄太大、营养不良或健康欠佳的犬被毛会出现无光泽、质脆、变色等问题。

另外，毛质也是犬的一个品种特征，如马尔济斯犬、西施犬、约克夏㹴、阿富汗猎犬、可卡犬等犬种为绢丝状被毛，柔软有垂顺感，细直；英国古老牧羊犬为麻丝状被毛，粗硬有膨胀感；北京犬的被毛则为棉丝状，介于刚毛和绢丝毛之间；贵宾犬、比熊犬、贝灵顿㹴等为羊毛状被毛，卷曲、容易站立，多数㹴类犬为刚毛，单层粗硬，需要拔毛；大白熊、萨摩耶犬、松狮犬及博美犬等为束状毛，双层、开立、外毛粗硬、底毛柔软；匈牙利波利犬被毛为一缕一缕的绳状毛。

三、犬被毛的生成与换毛

1. 被毛的生成

犬被毛的毛根是从皮肤的斜面中长出来的，生成的角度由毛囊的角度决定。犬身体的不同部位生成毛的角度也各有差异，㹴类犬的毛囊角度与皮肤的倾斜角为20°，被毛与皮肤面成钝角；犬身体的颈侧、前胸、肘、下胸、骨盆等部位，易长出杂乱的毛涡。一般来说，被毛的生长速度和皮肤的血液循环有关，温暖的季节，犬身体血液循环通畅，被毛生长较快。同时被毛的生长与犬的营养也有关，犬的营养好，被毛生成率就高；反之，被毛生成率就较低，如果妊娠犬营养不良，则其仔犬的毛囊发育不全，被毛细软，缺乏韧性。

2. 换毛

犬出生3个月后，胎毛逐渐脱落，生长出被毛。被毛每天都会新陈代谢，但是季节更替时，犬的被毛会大量脱落，即换毛。犬的换毛是具有周期性的，春秋两季是换毛期。被毛是在毛囊生长发育时生成的，当毛囊处于休止期时被毛也会停止生长。换毛时，首先从毛囊中脱落毛根，在下一个周期生长，长出新毛；外层毛不像次生毛那样具有周期性的脱换，可以随时拔除，同时可于毛囊中长出新毛。不同的犬种换毛方式也各不相同，短毛犬比长毛犬的被毛更换快。毛的脱换还与犬体内激素分泌有关，此外，在日照、紫外线等外界因素的刺激下，也会长出新毛。

四、猫皮肤和被毛的特点

皮肤和被毛不仅构成了猫漂亮的外貌，还有十分重要的生理功能。皮肤和被毛是猫的一道坚固的屏障，可以保护机体免受有害因素的损伤；在寒冷的冬天，还具有良好的保温性能；在夏天，又是一个大散热器，起到降低体温的作用。猫的被毛很稠密，可分为针毛和绒毛两种。

猫皮脂腺发达，其分泌物能润泽皮肤，使被毛变得光亮。猫汗腺不发达，只分布于鼻尖和脚垫。猫散热主要通过皮肤辐射散热或呼吸散热，所以，猫虽喜暖，但又怕热。

五、犬、猫被毛刷理与梳理的意义

梳刷犬、猫的被毛，不但可以增进人与犬、猫之间的感情，而且还有益于犬、猫的皮肤健康。被毛的梳刷是被毛护理的第一步，也是最重要的一步，通过梳刷能够去除死毛和死皮，促进血液循环，有利于被毛的生长，同时还能刺激皮肤均匀分泌油脂，增加被毛光泽，起到皮肤保健的作用。而且，梳刷不但可以初步改变犬、猫的整体形象，也是后续美容操作的基础。

此外，猫有舔食被毛的习惯，平时猫的身体表面总会有少量脱落的被毛，到了换毛季节，脱毛现象更加严重，猫一旦将脱落被毛吞进胃里，极易引起毛球病，造成猫消化不良，影响猫的生长发育，经常为猫梳理被毛，可达到及时清理脱落被毛的目的，防止毛球病的发生。

Ⅱ 洗澡

准备工作

1. **动物** 长毛犬、短毛犬和长毛猫、短毛猫每组各一只。
2. **工具** 美容梳、针梳、吹风机、吸水毛巾、浴液、护毛用品等。
3. **器材** 热水器、浴缸、美容台、吹水机等。

操作方法

1. 犬的洗澡

（1）调试水温　夏季水温一般控制在32～36℃；冬季水温一般控制在35～42℃。可用手腕内侧试水温。

（2）淋湿（打湿）被毛

① 堵住耳朵　用棉花堵住犬的耳朵，将其抱入浴缸；固定犬使其侧立，头朝向护理员的左侧，尾朝向右侧。

② 淋湿身体　右手拿淋浴器头，左手固定犬，将犬全身淋湿。淋湿的顺序是：先淋背部、臀部，再淋四肢及胸、腹部，然后是前肢及下颌，最后是头部。

③ 打湿头部　将淋浴器头放在犬头上方，水流朝下，由额头向颈部方向冲洗；耳朵要下垂式的冲洗，先由额头上方向耳尖处冲洗，再翻转耳内侧，用手轻轻将耳内侧的毛发打湿；眼角周围及嘴巴周围的毛发也要用双手将其慢慢地打湿。

④ 清洁肛门腺　提起犬的尾巴，用拇指放在肛门腺的左下方，食指放在肛门腺的右下方，拇指和食指分别为时钟8点和4点的位置，向上向外挤压，即可挤出分泌物（图2-2-1）。

图2-2-1　挤肛门腺

（3）涂抹沐浴液

① 用手或海绵块将全身被毛涂抹稀释过的沐浴液，要涂遍全身每个部位（图2-2-2）。

② 涂抹的顺序：先从尾部开，然后是腿和爪子，再按照背部—身体两侧—前腿—前爪—肩部—前胸的顺序涂抹，最后才是头部；在涂抹头部时要将浴液先挤到头顶部和下颌部，再用手涂到眼睛和嘴巴周围（图2-2-3）。

图2-2-2　涂抹浴液

③ 浴液涂好后，用双手进行全身的揉搓按摩，使浴液充分地吸收并产生丰富的泡沫。用双手轻轻地抓拍背部、四肢、尾巴及头部的被毛，此时可进行逆毛抓洗；肛门周围进行环绕清洗及按摩；眼睛、嘴巴周围及四肢要认真揉搓。

图2-2-3　给犬头部涂抹浴液

（4）冲洗　冲洗方法与前面被毛打湿的方法基本相同。用左手或右手从下颌部向上将两耳遮住，用清水轻轻地从犬头顶往下冲洗（图2-2-4）。然后由前往后将躯体各部分用清水冲洗干净（图2-2-5），冲洗的次数在2～4次为宜。

（5）擦干

① 用吸水毛巾将头及身体包裹住，把水吸干。

② 将犬抱出浴缸放到美容台上，用吸水毛巾反复搓擦犬的身体，直到将体表的水分完全擦干。

图2-2-4　冲洗头部

（6）吹干　先用吹水机吹掉被毛表面的水，然后一手拿吹风机另一手拿针梳（或固定吹风筒），由背部开始，

图2-2-5　冲洗躯体

边梳理被毛边吹干（图2-2-6）。吹风的温度要以不烫手为宜，风速可以稍微大一些。

 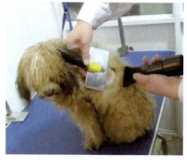 

图2-2-6　吹干被毛

① 吹干尾部　由助手拎起尾巴，护理员（美容师）左手拿针梳、右手拿吹风机，沿尾尖向尾根部边梳边吹，此时应逆毛进行，直到把尾部吹干为止。

② 吹干四肢及腹部　四肢可以边逆毛梳理边吹风；吹腹部时提前犬的一条腿使吹风机稍微接近身体内侧，或让助手将犬体抱起，使其直立站起，方便吹干，腹部不能用针梳梳理，而是用手边抚摸被毛，边吹。

③ 吹干头部及前胸　头部吹干时，可遮住犬的眼睛和耳道，避免风进入引起犬的反感；吹干头部时不能用针梳梳理被毛，以免扎到犬的眼睛或其他敏感部位。

④ 完全吹干后，再将犬全身被毛用针梳梳理一遍。

2. 猫的洗澡

（1）**洗澡前准备工作**　先将猫的毛发梳顺，把打结的地方梳开，用脱脂棉将猫的两只耳朵塞紧。

（2）**调节水温**　大约37～38℃。

（3）**淋湿**　先从猫的足部开始，让猫适应水的温度。然后从颈背部开始，依次将全身冲湿，最后淋湿头部。

（4）**涂抹浴液**　按照颈部—身躯—尾巴—头部的顺序，将适量的浴液涂抹在猫的身上，轻轻揉搓，注意不要忽略屁股和爪子的清洗。

（5）**冲洗**　按照颈部—胸部—尾部—头部的顺序将猫全身的泡沫冲洗干净。

（6）**擦干与吹干**　先用吸水毛巾将猫包起来擦干（图2-2-7），再用吹风机将全身被毛吹干，切记吹风机的温度不可过高。如果猫过于敏感，可放在猫笼中吹干（图2-2-8）。

（7）**梳理**　吹干后，再次梳理猫的皮毛。

注意事项

1. 水温适宜，每次打开水时都要试完水温再冲到犬、猫身体上。
2. 在浴缸底部铺上一层防滑垫，以免犬、猫滑倒。
3. 只有淋湿时使被毛全部湿透，才能彻底洗干净。

4. 不要将浴液和水冲进耳朵或眼睛内，以免引起感染。一旦眼睛里不慎沾上浴液，应立即用清水冲洗，或滴入氯霉素眼药水。

5. 给犬、猫洗澡适宜在上午或中午进行，不要在空气湿度大或阴暗的屋子里洗澡，也不要让犬、猫接受阳光曝晒。

6. 用犬、猫专用洗浴产品，而不能使用人用浴液代替。

7. 用吹风机吹被毛时，风力及热度不要过高，以免烫伤皮肤。

8. 洗澡的次数不能过勤，犬大约1～2周洗一次，猫可以间隔更长一些。过于频繁会降低犬、猫的皮肤抵抗力，引发皮肤病。

9. 为猫洗澡时，为防止被猫抓伤，工作人员可佩戴清洁手套。洗澡时关上浴室门，将猫控制在浴缸、大水桶或墙角处洗澡，避免猫在恐惧时逃窜。

10. 如果猫拒绝配合洗澡，可使用猫洗澡专用笼（图2-2-9）进行保定。尤其是在为猫进行药浴时，使用猫洗澡专用笼会更方便。

11. 为猫洗澡时动作要轻柔、快捷，整个洗澡过程最好不要超过20分钟。

图2-2-7 将全身被毛吸干

图2-2-8 用吹风机边梳边吹

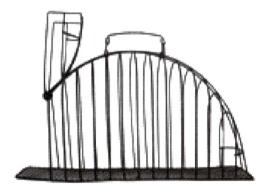
图2-2-9 猫洗澡专用笼

一、给犬、猫洗澡的意义

犬、猫的皮脂腺能分泌油脂，有防水、增加被毛亮度和保护皮肤的重要作用。但是油脂在皮肤和被毛上积聚过多，不但会产生难闻的气味，还非常容易沾染污浊物，使被毛缠结，皮肤不干净。这样，不但会导致被毛因失去光泽、缺乏韧性而不美观，而且在炎热潮湿的环境中，很容易引起病原微生物的感染和体外寄生虫的侵袭。所以，定期为犬、猫洗澡，保持皮肤和被毛的清洁卫生，既有利于犬、猫的健康，又使被毛更加美观。

但是，如果洗澡次数过多，被毛就会缺少油脂的保护，变得脆弱、暗淡、容易脱落，皮肤就会变得敏感，也容易引起疾病。所以，要根据环境和品种对犬、猫进行适宜的清洗。

二、清理肛门腺的重要意义

肛门腺是位于犬的肛门两侧偏下方的皮肤黏膜内的一对外分泌腺体,它的主要作用是分泌一些带刺激性气味的液体作为犬的标志。如果肛门腺分泌的液体黏度大、淤积过多,就不易排出。肛门腺炎绝大多数是由肛门腺阻塞引起的,患病犬表现为:初期瘙痒,在便后及安静时,肛门拖地向前行走或来回摩擦地面,回头舔咬肛门周围或咬后腿上部外侧的皮毛及尾根。如果不及时治疗,病犬会出现后肢行走障碍,行走几步会突然肛门贴地,叉开两后肢,回头观看肛门等症状,进一步发展可导致肛门腺破溃,在肛门一侧或两侧出现腔洞,有脓血流出。

因此,针对肛门腺炎要做好预防、日常保健和及早发现,以防进一步恶化。预防方法十分简单,就是科学地饲喂相对稳定的日粮,以防止犬腹泻及便秘。日粮中应添加适量的粗纤维,减少蛋白及骨头的含量,减少油脂的含量。

日常保健是指每次在给犬洗澡时,要挤肛门腺,每月至少清理1次。小型犬的肛门腺排出管较小,多分泌黏性分泌物,而且不易排出,因此,护理小型犬必须经常挤肛门腺。

三、犬、猫的其他洗澡方法

犬的洗澡方式可分为干洗、水洗两种。一般给犬洗澡采用水洗的方法,只有对3个月以下的幼犬,或因特殊情况不能水洗的犬才采用干洗方法,犬的干洗方法见"幼犬的护理"部分的内容。

猫的洗澡方法分为干洗、擦洗和水洗三种,水洗方法最常用。

(1)猫的干洗方法 如果猫特别抗拒用水洗澡的话,可用猫专用的干洗剂。干洗方法一般只适用于不太脏的短毛猫。将猫全身喷洒上干洗剂后,轻轻按摩揉搓,再用毛刷梳理被毛,即可达到清洗的效果。

(2)猫的擦洗方法 适用于短毛品种。

① 将两手沾湿从猫的头部逆毛抚摸2~3次,然后顺毛按摩头部、背部、胸腹部,擦遍全身,将被毛上附着的污垢和脱落的被毛清除掉。此时也可使用少量免洗香波在猫的被毛上涂抹揉搓。

② 用毛巾将猫身上的水分快速擦干,再用吹风机吹干。

③ 用干净的毛刷轻轻刷理猫的全身被毛,腹部和脚爪也要认真刷理。

(3)培养幼猫的洗澡习惯 越早接触水的幼猫长大以后就越不会排斥洗澡,因此,在猫2个月大时就可以开始为它洗澡。洗澡前先放浅浅的、温热舒适的水,让幼猫泡泡脚,适应一下再开始洗澡。洗澡时要与幼猫轻轻地说话来安慰它的情绪;动作以快速、轻柔为准则,让幼猫有愉快洗澡的体验。不要让它对洗澡产生负面印象,例如恶作剧似的向它泼水,使它感觉害怕;同时还要注意,不要让幼猫看到其他讨厌洗澡的猫在洗澡时挣扎的场面。

Ⅲ 眼睛、耳朵、牙齿的护理

准备工作

1. **动物** 长毛犬和短毛犬每组各一只。
2. **工具** 美容台、剪刀、2%硼酸、脱脂棉、止血钳、纱布、牙刷、碳酸钙、滴眼液、眼药水、洗耳液、耳粉、耳药乳。

操作方法

1. 眼睛的护理

（1）**眼睛的检查** 检查眼睛是否有炎症或眼屎，是否有眼睫毛倒生现象。正常的眼睛应该清澈、明亮，没有眼屎。若有炎症或眼屎，用温开水或2%的硼酸水沾湿棉花或纱布后轻轻擦拭，或滴入消炎眼药水；若眼睫毛倒生，则应将倒生的睫毛用镊子拔除。

（2）**滴洗眼液** 一只手握住犬的下颌，用食指和拇指打开犬的眼皮，另一只手将眼药水或滴眼液滴在眼睛后上方，每次滴1～2滴（图2-3-1）。

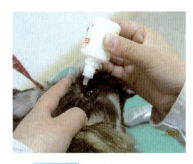

图2-3-1 滴眼药水的方法

（3）**个别处理** 有些品种眼睛周围毛较多，如西施犬、约克夏㹴等，眼睫毛要经常梳理，周围的毛要适当剪短。

2. 耳朵的护理

（1）**观察犬耳道内是否有耳毛** 一般常见耳毛较多的犬种有贵宾犬、西施犬、雪纳瑞犬、约克夏㹴、比熊犬等。

图2-3-2 拔耳毛的方法

（2）**拔耳毛** 保持犬不动，用左手夹住犬的头部，用左手大拇指和食指按压耳朵周围，使耳道充分暴露，将少量耳粉撒入耳中，按摩几下，然后沿着毛的生长方向拔除。手能触到的毛用右手拔除，深处的毛用止血钳等工具小心拔除（图2-3-2）。

（3）**清洁耳道** 根据犬耳道的大小，把适量的脱脂棉绕在止血钳上，滴上洗耳液，在耳内打转清洗（图2-3-3），

图2-3-3 清洁耳道的方法

直到从耳内取出的脱脂棉无污物,则确认清洁完成。

若犬耳道内分泌物较多,并伴有发炎、流血、红肿等现象时,先将犬耳内侧毛全部修剪干净,然后在耳道内滴入几滴消炎滴耳液,盖上耳背,在耳根处轻轻按摩3~5分钟,再用止血钳夹住脱脂棉将分泌物擦洗干净。擦干净后再滴入消炎滴耳液,轻轻按摩,然后用棉球将耳内液体擦干,最后撒上消炎粉即可。

3. 牙齿的护理

(1)检查牙齿 检查是否有发炎、牙斑、牙结石等现象。幼犬换牙时应仔细检查乳牙是否掉落,尚未掉落的乳牙会阻碍永久齿的正常生长。

(2)训练犬定期刷牙 先用手指轻轻地在犬牙龈部位来回摩擦,最初只摩擦外侧的部分,等到它习惯这种动作时,再打开它的嘴,摩擦内侧的牙齿和牙龈。当犬习惯了手指的摩擦,即可在手指上缠上纱布,摩擦牙齿和牙龈(图2-3-4)。

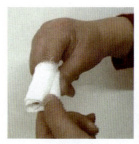 

图2-3-4 手指缠上纱布给犬摩擦牙齿和牙龈

(3)用牙刷刷牙 牙刷成45°角,在牙龈和牙齿交汇处用画小圈的方式,一次刷几颗牙,最后以垂直方式刷净牙齿和牙齿间隙里的牙斑(图2-3-5),接着,继续刷口腔内侧的牙齿和牙龈。

 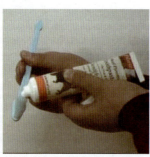 

图2-3-5 用犬专用牙刷刷牙

(4)用超声波洁牙机清洗牙齿 首先将犬全身麻醉,待完全麻醉后,将其平放在美容台上,向眼睛内滴入眼药水。然后,将犬脖颈处垫高,用两根绷带分别绑住犬的上、下颚,并拉动绷带使嘴巴完全张开,牙齿暴露在外。接下来,一手拿起洁牙机柄,将洁牙头对准牙齿,另一手用棉签将口吻部翻开,使牙齿露出进行清理,清理完一侧再清理另一侧,双侧清理结束后,还要检查牙齿内侧是否有结石,如果有,则一同清理干净。最后,在清理过的牙齿和牙龈处涂上少量碘甘油。犬洗牙后应连服3～4天消炎药，并连续吃3天流食。

注意事项

1. 用棉球擦拭眼睛时要注意由眼内角向外擦拭，不可在眼睛上来回擦拭，棉球可进行更换。

2. 给犬洗澡前先点眼药水，以防毛发、水进入眼睛。洗澡后再次点眼药水，以防洗澡过程中眼睛受伤害。

3. 长期使用含有皮质类固醇成分的眼药水或眼药膏会导致眼底萎缩，甚至造成失明。

4. 拔耳毛前必须使用耳粉，耳粉具有消炎、麻醉的功效。

5. 拔耳毛一次不要拔太多，而且动作要轻柔。

6. 在清理耳道时，将脱脂棉在止血钳上缠紧，千万不能使用棉签，以免棉签断在耳道内不易取出。

7. 犬的牙齿每年至少应接受1次兽医检查，而且宠物主人应每周检查1次，看是否有发炎的症状。每周应刷牙3次以上，方能有效保持犬的口腔和牙齿卫生。

8. 刷牙要用犬专用牙刷，犬专用牙刷由合成的软毛刷制成，刷面呈波浪形，能有效清洁牙齿的各个部位。

参考资料

一、宠物犬多泪的原因

泪液由泪腺分泌，随着眼睛眨动扩散到整个眼球，最后汇集到泪点，顺着泪小管流到鼻泪管，最后到达鼻腔（图2-3-6）。泪液除了起湿润眼球的作用，还可以冲刷细菌。而且，泪液中的溶菌酶，还起到杀菌的作用，保护眼睛和鼻咽黏膜。泪腺分泌的主要神经弧起自角膜反射，经第五脑神经到达脑干，然后到达第七脑神经。

很多宠物犬，尤其是白毛犬，经常流泪，在眼角形成红褐色的泪痕，非常影响美观。如果能够找到宠物犬多泪的原因，并及时预防和处理，就会避免泪痕的出现。

由泪腺分泌的过程可知，造成宠物犬流泪增多的原因有两个方面，一是泪腺异常，过量地分泌泪液，导致泪水增多；二是鼻泪管异常，泪液排泄不畅，导致泪液从内眼角流出。但是引起这两方面原因的还有一些具体的情况，不同的情况有不同的处理措施（表2-3-1）。

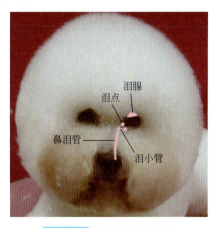

图2-3-6 泪液分泌的过程

表 2-3-1 宠物犬多泪的原因及处理措施

根本原因	具体原因	易患犬种	处理措施
泪液分泌增多	异物刺激（浴液或化学物质）	各种犬	冲洗眼睛
	结膜炎和角膜炎	各种犬	用抗生素眼药水
	眼睑外翻和眼睑内翻	拉布拉多犬、可卡犬、蝴蝶犬、马尔济斯犬、沙皮犬、斗牛犬、大白熊、圣伯纳犬	手术治疗
	外耳炎	各种犬	治疗外耳炎
	面部皮肤病	各种犬	治疗皮肤病
泪液排泄不畅	鼻泪管生理性结构异常	北京犬、西施犬	勤擦
	鼻泪管阻塞	博美犬、比熊犬、贵宾犬	疏通鼻泪管
	泪点受挤压	博美犬、比熊犬、贵宾犬、西施犬、吉娃娃、腊肠、巴哥、北京犬	勤擦
	牙齿切割挤压鼻泪管	咀嚼细的犬	选择合适的狗粮，抬高食盆
	先天性泪点闭锁	—	泪点重建术

目前，市场上出现一些防止泪痕形成的保健品、食品和洗护用品，在选择之前一定要分析泪痕形成的具体原因，不能盲目使用。

二、耳朵护理的重要意义

犬的耳朵需要每个月定期检查一次，健康的耳朵其耳道温暖略带腊味，表面干净只有少量耳垢。定期清理耳道，就会避免由于耳毛、耳垢过多引起的各种耳病，如耳螨、真菌及细菌感染引起的耳痒、耳痛、听力不佳等。当发现宠物犬经常挠耳朵、甩头时就应该及时检查耳道，根据不同情况及时处理。如果耳道内耳垢不太多，且无异味，说明是耳垢引起的耳痒，清理一下即可。如果耳朵里有褐色的污垢，且有臭味，一般是由耳螨引起。耳螨需要及时治疗，如果痒得厉害很容易抓破耳郭，严重了会引发中耳炎甚至致命。如果耳垢过多过硬，就得先用酒精棉球消毒外耳道，再用宠物滴耳液滴于耳垢处，待干涸的耳垢软化后，用小镊子轻轻取出。对有炎症的耳道，要用宠物专用的消炎滴耳液每天进行滴耳清洁。

三、宠物犬常见的口腔疾病

定期对犬进行口腔及牙齿护理，能保证宠物犬拥有坚固的牙齿及健康的身体。犬牙齿疾病通常是最先出现牙斑，唾液中的矿物质会使牙斑转变成牙石。牙石是细菌滋生的温床，细菌滋生导致口腔的恶臭。病原菌会侵入犬的血液，造成肝、肺和肾等器官出现病变。

（1）**牙结石** 牙结石主要是由食物残渣和细菌混合而成，也就是造成口臭及牙周病的元凶，牙结石一旦在犬的牙齿上形成便很难除去。所以，主人应当定期给犬清洁牙齿，必要时可以洗牙。

（2）**牙龈炎** 牙龈炎是牙周病的前身。牙龈与牙齿交接的地方，称为"牙龈沟"。犬采食后，牙龈沟堆积很多食物残渣，引起细菌大量生长。细菌侵入牙龈后，更会令牙龈发炎，引起疼痛。

（3）**牙周病** 牙结石引起牙肉脓胀、发炎及流血，严重破坏牙肉组织，造成牙齿大幅度的动摇，最终引起牙齿大量脱落。所以牙周病是非常严重的牙齿疾病，一旦患病应立即到宠物医院就诊。

（4）**蛀牙** 造成蛀牙的原因是食物残渣积留在口内，细菌以食物残渣为养分不断滋生，在繁殖的同时，产生一种酸性物质，当这种酸性物质与牙齿接触后，便会慢慢溶解牙齿的钙质而形成龋齿，即为蛀牙。蛀牙会令犬只的牙肉疼痛、牙齿坏死，食欲大减。

（5）**咬合不齐** 咬合不齐的原因主要有两种，一是犬只的上下颚在发育时出现问题，导致无法正常开合；二是恒齿长出的时候，被未脱落的牙顶着，出现异位生长的情况。咬合不齐的犬只，口腔闭合不全，影响进食。

（6）**断牙** 由于犬啃咬坚硬的物体甚至咀嚼石头，使牙齿磨损甚至断裂。还有些很活泼的犬四处跑撞而把牙齿撞断。另外，老年犬因为牙齿不坚固，也会出现断牙。

（7）**舌脓肿** 如果舌下唾液腺阻塞，舌下侧就会出现充满液体的大肿块，这就是舌下脓肿。如果主人发现犬有此症状，应立即找兽医进行手术把液体排除。阻塞的原因也可能是一个结石，甚至一粒草籽所引起。

Ⅳ 足部和腹底毛的清理

准备工作

1. **动物** 犬和猫每组各一只。
2. **工具** 电剪、直剪、趾甲钳、趾甲锉、止血粉、纱布、止血钳、美容梳、针梳、开结刀。

操作方法

1. **使用趾甲钳和趾甲锉，修剪犬、猫趾甲**

（1）**保定犬** 使犬身体保持稳定，左手轻轻抬起犬的脚掌，右手持趾甲钳（左手持工具，则方向相反），握住脚掌，用拇指和食指将足蹼展开，并捏牢脚趾的根部，这样剪趾甲时的振动就不会太强烈。刀片与犬脚掌面要保持平行。

（2）**用三刀法剪趾甲**（图2-4-1） 用趾甲钳从脚趾的前端垂直剪下第一刀，从趾甲背面切口斜45°剪下第二刀，从趾甲腹面切口斜45°剪下第三刀。

（3）**用趾甲锉将剪过的断端磨光** 用食指和拇指抓紧脚趾的根部，以减小振动，让锉刀的侧面沿着抓住脚垫的食指方向运动，把各个棱角磨光滑。

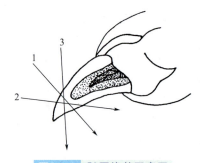

图2-4-1 趾甲修剪示意图

1—第一刀；2—第二刀；3—第三刀

（4）用同样的方法修剪各个脚趾甲，尤其注意修剪"狼趾"。

猫趾甲的修剪与犬相似。首先把猫放到膝盖上，从后面抱住，轻轻挤压趾甲根后面的皮肤，趾甲便会伸出来，用小号趾甲钳把前面尖的部分剪掉1～2mm，剪后用趾甲锉磨光滑。

2. 修剪清洁脚底毛

（1）**脚底毛的修剪要求** 脚部周围的毛修剪成圆形，四个小脚垫和大脚垫之间的毛剪干净，四个小脚垫之间的毛剪至与脚垫平行即可。脚垫周围的毛同样剪至与脚垫平行。

（2）**修脚底毛步骤**

① 先把足部的毛都梳开梳顺。

② 用直剪修剪正面和侧面的毛，剪刀与犬的脚趾呈45°，按照趾甲的弧度从前面平剪一刀，将大致的形状剪出来，然后再往两旁慢慢修圆，将脚掌上方的大致边线修整齐。

③ 修脚掌后面的毛时，将犬的脚抬起，同样把毛向下梳理开，剪刀贴平脚掌，剪去后脚掌多余的毛，脚后面的毛可修剪成往上斜的形状（图2-4-2）。

图2-4-2 用直剪修剪脚掌周围的毛

④ 沿着脚掌周围，慢慢将一圈毛都修圆。

⑤ 脚掌内各个脚垫之间的短毛适合用刀刃较短的短毛剪刀修剪，也可以使用电剪修剪，如果使用电剪，通常用30#刀头来修剪。方法是，将脚掌向上翻转，将足垫缝内的毛发全部修剪干净，使犬的脚垫充分暴露出来即可（图2-4-3）。

图2-4-3 用电剪修剪脚垫之间的毛

3. 运用电动剪，修剪腹底毛

（1）左手握住犬的两前肢，向上抬，使犬站立起来。如果是大型犬，可以使之卧在美容台上。

（2）将犬的腹底毛梳顺、梳开。

（3）腹底毛的修剪，根据犬的性别不同而有所差异，但通常用30#刀头（图2-4-4）。

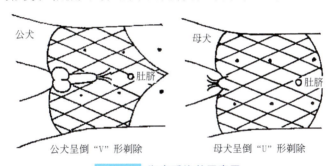

图2-4-4 腹底毛修剪示意图

公犬：先将一只后腿抬高到身体高度，操作人员头低下，与犬的腹部平行，然后开始剃犬生殖器两侧的毛；再将犬的两前肢往上提，让犬后肢站立，用电剪从犬的后腿根部向上剃至倒数第2对和第3对乳头之间，形成倒"V"形（图2-4-5）。

母犬：先将犬的一侧后腿抬起，顺着胯下部位角度推毛；再将犬的两前肢往上提，让犬后肢站立，用电剪从犬的后腿根部向上剃至倒数第3对乳头，形成倒"U"形。

1. 趾甲修剪的注意事项

（1）最好在洗澡后、趾甲浸软的情况下修剪趾甲，尤其是厚趾甲的大型犬。

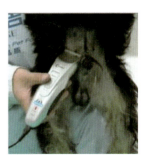

图2-4-5 腹底毛的修剪

（2）注意不要剪到有血管和神经分布的知觉部。

（3）趾甲色素浓的犬类不能看到血管，应该一点一点地向后剪。

（4）如果将犬趾甲剪出血时，要紧紧捏住趾甲的根部止血，并及时消毒、涂抹止血粉。

2．脚底毛修剪的注意事项

（1）让犬自然站立，仔细观察脚部的毛是否修剪整齐，修剪后的毛与地面应呈45°，这样，既显得可爱又不容易沾上脏东西。

（2）注意不要剪得太短，以免妨碍腿部美观。

（3）修剪脚底毛的同时，还应检查脚垫、脚掌内侧是否有伤。

3．腹底毛修剪的注意事项

（1）由于腹部皮肤薄嫩，两侧有皮肤褶，因此，要用电剪小心谨慎地向上、向外剃干净，千万不要剃伤皮肤和乳头。

（2）如果让犬躺下来，注意不要把其身体侧面剃得太多。

（3）剃毛要尽量快速准确。

一、犬、猫趾甲的护理

1. 犬、猫趾甲护理的必要性

大型犬和中型犬经常在粗糙的地面上运动，能自动磨平长出的趾甲，如狼犬；而小型犬很少在粗糙的地面上跑动，磨损较少，犬的趾甲会长得很快，如北京犬、西施犬、贵妇犬等。指甲过长会使犬有不舒适感，趾甲会成放射状向脚的内部生长，甚至会刺进肉垫里，给犬的行动带来很多不便，同时也容易损坏家里的家具、纺织品和地毯等物品，有时过长的指甲会劈裂，易造成局部感染。此外，犬的拇指已退化成脚内侧稍上方处的飞趾，俗称"狼趾"。"狼趾"的趾甲不和地面接触，这样很容易生长过长，如果不定期修剪会妨碍犬行走，也容易刺伤犬。

猫爪前端带钩，十分锐利，如果猫的趾甲过长，不仅破坏家中的物品，也会抓伤人。而且猫经常舔趾甲，易感染细菌。

修剪趾甲不仅能保持足部清洁，而且有利于正确的行动，以维持骨骼的健康，因此，要定期地给犬、猫修剪趾甲。

2. 说明

（1）犬的趾甲非常坚硬，要使用特制的专用趾甲钳进行修剪。如果用家庭常用的人用指甲钳进行修剪，不但剪不断趾甲，而且还会将趾甲剪劈。这样既不美观，也会使宠物犬感觉很不舒服。

（2）修剪时不能剪得太多太深，一般剪至有神经和血管的知觉部。犬趾甲外缘是完整的圆弧状，内缘是由根部连到末端的一条直线，剪趾甲的下刀之处就是内缘直线与外缘弧线交界处再往外一点点。内缘直线与外缘弧线交界处以上部位是神经、血管所分布的位置，犬每一根脚趾的基部均有血管、神经，注意不要切到有血管和神经通过的知觉部。趾甲色素浅的能透过趾甲看到血管，趾甲色素浓的看不到血管，必须一点一点地向后剪。

（3）如果趾甲出血，要及时止血。方法是：将止血粉洒在出血处，用手按压10秒左右，使其停止出血。宠物美容时经常要使用止血粉，它是以硫酸亚铁为主要成分，瞬间止血功能很强，也可用于被犬和猫抓伤出血的情况。

（4）要培养幼犬适应定期剪趾甲的习惯，这样成年后就不会讨厌剪趾甲。

（5）如果放任趾甲一直生长的话，知觉部也将跟着趾甲一起生长，因此，一定要定期剪趾甲。一般情况下，每月修剪1~2次即可。

（6）对退化了的"狼趾"，最好在幼犬生后2~3周内请兽医切除。

（7）若使用电动趾甲锉，要先训练犬，使其消除恐惧心理。首先，给犬展示电动锉；然后，启动电动锉，但不接触犬；最后，一次只触及一点趾甲，等犬完全适应了，再全部接触趾甲。

（8）若需抛光或亮甲时，可在每个趾甲和脚垫上涂抹婴儿油，以保持湿润。但不能涂抹太多，否则犬脚底易打滑。

二、修剪脚底毛

1. 修剪脚底毛的必要性

犬类的脚掌上也会长毛，如果一直不修剪的话，可能会长到盖过脚面。作为室内饲养的小型犬，由于脚掌上毛长，走在地板上容易滑倒，于是犬自身会对走路更加小心，而它敏捷轻快的身影也就见不到了，在这种情况下，上下楼梯时受伤的可能性也随之增加。而且脚掌间的毛在散步的时候容易被弄脏或弄湿，成为臭气和皮肤病的来源，并很可能诱发扁虱等寄生虫的生长。因此，定期修剪脚底毛，保持脚掌与地面紧密贴合，是很重要的。

2. 说明

除贵宾犬外，趾部外围的毛一般不宜修剪得太多，否则会影响美观。而且把脚掌内部的毛全剪干净，会导致小石子等杂物嵌入脚垫中不易出来。所以，应该在每次美容时检查一下脚底毛，只剪去新长出来的部分。

修剪时，往往因为犬不能长时间配合，导致脚底毛的修剪很难顺利进行，所以在操作过程中要格外仔细、耐心，不断提高修剪技巧。

三、剃腹底毛

1. 剃腹底毛的目的

腹部的毛（又称腹底毛）在犬伏卧、排尿或哺乳时很容易弄脏，常常打结，既容易引起皮肤病，又影响美观，所以要清理干净。此外，在犬展中，为了方便审查员检查犬的生殖器，确认犬的性别和判断健康状况（公犬是否是单睾丸），也需要剃掉腹底毛。

2. 说明

腹底毛的修剪根据犬的性别不同而有所差异。

用电剪剃腹底毛时,不要动作太碎、反复剃,这样容易使犬过敏。如果犬过敏,要给犬涂抹皮肤膏。如果让犬躺下来剃,不要把其身体侧面剃得太多。

遇到犬不配合剃腹毛的情况,应采取正确的方法处理。首先,要建立良好的自信心,对自己的技术有足够的信心。其次,要有熟练的操作技巧和控制犬的技巧。犬害怕剃毛的原因很多,如胆怯、不适应电剪或有外伤等,要分析原因,找到解决的办法。犬是聪明的动物,只要让它知道剃毛不会伤害它,就会比较配合,比如遇到害怕电剪的犬可以让它先看看、闻闻工具,再打开电剪放到犬身边让它熟悉震动,操作过程中的每一步都要用柔和的语气鼓励并安抚它。最后,在练习的初期,可以找助手协助控制犬,要摸索出犬喜欢的姿势,等犬适应后,才可以进行独立的操作。剃毛要尽量快速准确,犬的耐心有限,很快就会烦躁,如果不慎使犬受伤,今后它就会不配合。

V 宠物犬的水疗护理

准备工作

1. 动物 宠物犬一只。

2. 工具 洗澡设备和用品、宠物SPA机(图2-5-1)、牛奶浴产品、香熏精油或其他SPA产品。

操作方法

1. 给宠物犬洗澡(与一般洗澡方法相同)。
2. 在宠物SPA机中放入水,并调节水温,以用肘部试水温不烫为准(图2-5-2)。
3. 加入适量SPA产品,搅拌均匀。
4. 将洗完澡的宠物犬放在SPA机中,根据具体情况调节机器,进行泡浴,约15～30分钟(图2-5-3)。
5. 从SPA机中取出犬只,淋浴冲洗并按摩全身(图2-5-4)。

图2-5-1 宠物SPA机

图2-5-2 试水温

图2-5-3 泡浴

图2-5-4 淋浴按摩

6. 用大的吸水毛巾包裹犬只进行穴位按摩。

7. 吹干并梳理被毛。

注意事项

1. 在做SPA之前，先做一份调查，根据调查报告的分析，了解宠物犬的体质状况、毛质种类、性情心态，然后根据分析结果选择适合犬只的SPA方式和产品。

2. 要想得到正规完美的SPA疗程，首先要考虑选择一家专业性强的美容机构。

3. 不适合做SPA的猫咪：心脏病、糖尿病或低血糖的猫；对光、热敏感的猫；有恶性肿瘤的猫。

4. SPA前请接受猫咪身体状况检查，对于幼猫、老猫、体质较弱的猫，可调节设定适度的气流。

5. SPA后的猫咪，应多饮水，避免剧烈运动。

6. 根据具体情况确定做SPA的间隔时间，经常给宠物猫进行SPA不但不能发挥SPA的作用，反而容易患上皮肤病。

参考资料

一、宠物SPA的含义

宠物SPA打破传统宠物淋浴方法，宠物SPA机每秒钟释放百万以上的强劲气泡，深达毛发根部，产生微爆效应，彻底清洁毛发，达到洁毛除臭功效。加上矿物质、香熏、精油、草本、鲜花，使犬浸泡在温暖的水中，使毛发充分补充营养，恢复亮丽与弹性。透过气泡按摩，促进血液循环，加速代谢排毒，加快脂肪代谢，达到预防疾病，延缓衰老的目的。

二、SPA的好处

（1）宁神　利用浮力与适体温度，使犬体验回归母犬怀抱的感觉。

（2）运动　气泡按摩，达到运动及减肥的功效，提升宠物器官功能。

（3）深层清洁　通过微爆效应，去除皮屑、油脂、死毛，毛发光洁蓬松。

（4）滋养　矿物元素深层滋养皮肤及毛发，使受损的毛发恢复弹性及光亮。

（5）驱虫　利用死海泥、盐泥中的矿物质和硫化物达到驱虫杀菌的功效。

（6）除臭　SPA产生高矿物离子，有独特杀菌除臭功效，避免交叉感染。

（7）净化空气　高氧具有对空气杀菌消毒的作用。

（8）排毒　精油经过一段时间后，会连同体内毒素一起排到体外。

三、宠物SPA项目分类

1. 宠物基础SPA——香熏浴

（1）特色与功效　首先，香熏精油可促进宠物血液循环，增强新陈代谢，解除宠物的

恐惧感，减轻宠物焦虑的情绪感，具有良好的身体保健功能。其次，香熏精油对于毛发滋润护理尤有特效。最主要的特色就是留香时间长，例如贵宾、比熊、松鼠犬在做完香熏浴后留香的时间在7~14天左右，体味比较重的犬种留香时间在3~7天左右。

（2）产品举例　埃及进口的精华水晶香芬油（规格：100mL），成分纯天然植物精华，无添加任何香精，复合型，有6种味道，分别为泡泡泉（杀菌保健）、快乐泉（治疗忧郁）、浪漫泉（催情）、森林泉（减压）、糖果泉（香甜）、音乐泉（安抚解疲劳）。埃及进口亲水性花精油（规格：10mL），纯天然植物精华，无添加任何香精，复合型，有9种味道，分别为玫瑰、薰衣草、橙花、姜花、牡丹、洋甘菊、桉树、檀香、茉莉。

（3）适应对象　所有犬种。

（4）建议配合使用的产品和用量

死海盐滋润洁毛啫喱或死海泥洁毛啫喱：30~60mL（1∶20稀释）。

乳香玫瑰焗油或护毛素：20~40mL（1∶15稀释）。

亲水性精油：3~6mL。

死海盐：15g（选择性使用）。

柔顺香熏水：3mL焗油+1mL亲水性精油稀释50mL喷瓶。

死海盐水：5~10g稀释50mL喷瓶。

2. 宠物美白SPA——泡泡浴（盐浴）

（1）特色与功效　世界最好的温泉——死海"矿物质"温泉。天然死海海水结晶含有丰富的镁、钾、钙、溴化物及硫酸盐类，做宠物SPA盐浴能有效清洁，活化肌肤细胞，促进新陈代谢，延缓衰老，高单位的镁能有效减轻宠物的毛发与肌肤因气候变化而形成的损伤。盐浴既可以杀菌止痒又可以辅助治疗皮肤病。

（2）产品介绍　SPA死海盐（规格250g、1kg、10kg）以色列原装进口，100%水溶性死海高矿物盐，有消炎杀菌、高洁白的作用。水疗浸浴，治亚健康用法：木盆或塑料收纳箱注入1/3温水（水温控制在35~42℃），加入死海盐（小型犬30g，中型犬60g，大型犬90g），将宠物放进盆中进行泡浴。对轻度皮肤病和体外寄生虫（虱蚤蜱）有非常明显的效果。感冒、厌食用法：稀释80~100倍，清水直接饮用1~2天。芦荟或死海盐滋润洁毛啫喱（规格800mL/gal）以色列进口原料，植物精华，抗敏感、亮丽毛发、驱寄生虫。SPA死海盐滋润洁毛啫喱（规格800mL/gal）以色列原装进口，改善毛发、高洁白、去尿黄、预防寄生虫生长。

（3）适应对象　短毛犬、白毛犬及处于换毛时期的任何犬种，老龄犬应在身体比较健康的状况下进行SPA，也适用于猫。

（4）建议配合使用的产品和用量

死海盐滋润洁毛啫喱：30~60mL（1∶20稀释）。

乳香玫瑰焗油护毛素：20~40mL（1∶15稀释）。

死海盐：30~60g。

柔顺美白水：3mL焗油水+5g死海盐稀释50mL喷瓶。

死海盐水：5～10g稀释50mL喷瓶。

3. 宠物医生SPA——死海泥浴

（1）**特色与功效**　死海泥浴可促进宠物血液循环，增强新陈代谢，调节神经系统的兴奋和抑制过程，可帮助驱虫、防蚤以及身体保健，并具有良好的消炎、消肿、镇静、止痛、提高免疫力及加快自愈等作用，对于毛发护理尤有特效。

（2）**适应对象**　长毛犬、体味较重的犬、多毛类的犬的毛发护理，犬外伤及患病后的恢复性理疗。

（3）**产品介绍**　以色列原装进口SPA死海泥（规格100mL/400g/1.5kg），主成分是高岭土和火山灰，有吸附作用，消炎杀菌、止血、止痒、愈合伤口。泥糊的调法是：50g死海泥加20g死海盐，用100mL水稀释，搅拌均匀。体内驱虫用法：将死海泥（小型犬0.5g、中型犬1g、大型犬2g）涂在舌头上或口角内，3小时一次，连续2次，隔星期多服一次。治肠炎用法：将死海泥（小型犬0.5g、中型犬1g、大型犬2g）涂在舌头上或口角内，3小时一次，至下次出现健康粪便，治疗期无需断水断粮。治皮肤病用法：稀释清水或草本汁至糊状涂于伤口，留24小时才更换或补充新泥糊（每天一次至下次沐浴查看情况）至痊愈。水疗用法：将死海泥（小型犬5g、中型犬10g、大型犬20g）溶于水中并加入死海盐浸浴，时间随意。

（4）**建议配合使用的产品和用量**

死海泥牡丹洁毛啫喱或SPA除臭洁毛啫喱：30～60mL（1∶20稀释）。

死海泥护毛焗油：20～40mL（1∶15稀释）。

死海盐：30～60g。

死海泥水：5g稀释50mL。

柔顺美白水：3mL焗油+5g死海盐稀释50mL喷瓶。

死海盐水：5～10g稀释50mL喷瓶。

死海泥：20g。

 犬展常识

一、国际犬展

早期犬展的目的是，通过比赛，由具有专业知识和丰富经验的人评选出最佳种畜，改良犬品种。但是，现代犬展早已成了一种国际性的大众休闲娱乐活动。随着犬种不断地增加，犬展的规模也越办越大。

1. 三大犬协

目前国际知名的三大育犬协会是英国犬协、美国犬协和世界犬业协会，三大犬协各有特色。

英国犬协（KC）于1873年成立，其目的是对所有纯种犬加以登记注册，并承办犬展活动。KC不但是世界上最古老的犬协，也是3个公认的对犬种群分类最有影响力的组织之一，至今已认定的犬种超过190种以上，每年又以主办克拉福特（CRUFTS）犬展而闻名于世。

美国养犬俱乐部（AKC）成立于1884年，现在它已经成为美国最大的犬业俱乐部，至2001年已认定158种犬种。

世界犬业协会（FCI）于1911年成立，其创始会员国包括德国、奥地利、比利时、法国、荷兰等，现在已经有80多个国家及地区的会员（每个国家或地区仅限一个）。它是一个国际性的犬业机构，总部位于比利时布鲁塞尔。虽然是一个统一的国际性组织，但是FCI有比较强的兼容性，它先后分别在欧洲、拉丁美洲、南美洲、亚洲、非洲、大洋洲等地区设立分支，包含有79个成员机构，日本的JKC、法国的SCC、还有中国台湾的KCC等机构都是其成员机构，这些机构都保留有自己的特性，但又都归属于FCI统一管理，并且使用共同的积分制度。FCI是一个以协调为主的组织，它并不处理犬只的注册事宜。它监察其会员机构每年举办4次以上的全犬种犬展。已经FCI认定的犬种高达340种以上，其中包括一些在原产国之外、不为人们熟知的犬种。

以上三大最有影响力的犬协组织，其性质有些许不同，在KC及AKC之间最根本的不同点是，KC一直仍扮演着传统男性社交俱乐部形态，直到1979年才允许女性成为会员；而AKC则不是社会俱乐部性质，而是一个庞大的非盈利性组织，它有固定的雇员，并从全美各地300多名犬俱乐部代表中选出董事会成员及董事长。AKC的主要功能是犬只登记，但是它的服务范围很广泛，组织本身极具权威，得以全面监督犬展进行，当犬展越办越大，比赛种类也不断增加，AKC的指挥功能就越需要发挥出来。在美国，每年由AKC组织最多的活动就是犬展，大到举世闻名的西敏寺犬展（The Westminster Dog Show），小到不知名的乡村俱乐部单独犬展，每年大约有3000场比赛。

2. 犬展的组别设置

国际犬展通常分为7大组别（组别设置因不同比赛而略有差异）。

（1）枪猎犬组（Sporting Group） 包括可卡犬（Cocker Spaniel）、指示犬（Pointer）、赛特犬（Setter）、拉不拉多犬（Labrador）、英国激飞猎犬（English Springer）等。

（2）狩猎犬组（Hound Group） 包括比格犬（Beagle）、腊肠犬（Dachshund）、阿富汗猎犬（Afghan Hound）、寻血猎犬（Blood Hound）等。

（3）工作犬组（Working Group） 包括罗威纳犬（Rottweiler）、大丹犬（Great Dane）、杜宾犬（Dobermann）、拳师犬（Boxer）、哈士奇犬（Siberian Husky）、巨型雪纳瑞犬（Giant Schnauzer）等。

（4）狸犬组（Terrier Group） 包括约克夏狸（Yorkshire Terrier）、波士顿狸（Boston Terrier）、迷你雪纳瑞（Miniature Schnauzer）、西高地白狸（West Highland White Terrier）、贝林登狸（Bedlington Terrier）、苏格兰狸（Scottish Terrier）等。

（5）玩具犬组（Toy Group） 包括吉娃娃犬（Chihuahua）、博美犬（Pomeranian）、北京犬（Pekingese）、八哥犬（Pug）、玛尔济斯犬（Maltese）、玩具贵宾犬（Toy Poodle）等。

（6）家庭犬组（Non-Sporting Group） 包括松狮犬（Chow Chow）、斗牛犬（Bull Dog）、大麦町犬（Dalmatian）、卷毛比雄犬（Bichon Frise）、拉萨狮子犬（Lhasa Apso）等。

（7）牧羊犬组（Herding Group） 包括苏格兰牧羊犬（Rough Collie）、波利犬（Puli）、德国牧羊犬（German Shepherd Dog）、喜乐蒂牧羊犬（Shetland Sheepdog）、英国古老牧羊犬（Old English Sheepdog）等。

每个组别至少有十几个具代表性的犬种，国际大赛的参赛犬只通常多达数千只，因此，赢得国际高水平犬展的奖项是十分不容易的。

3. 犬展的年龄组设置

特幼犬组：3～6月龄；幼犬组：6～12月龄；成犬组：12月龄以上。

4. 各个奖项的评选方法

最佳单犬种母犬（Winner Bitch，简称W.B）：所有参赛单一犬种母犬中产生一名。

最佳单犬种公犬（Winner Dog，简称W.D）：所有参赛单一犬种公犬中产生一名。

单犬种展单一组别冠军（Champion，简称C.H）：单一品种犬展的某一组别的第一名。

最佳单犬种奖（Best of Breed，简称B.O.B）：从每一个品种的参赛犬中评选出本品种综合评定最好的一只犬为最佳单犬种奖。

犬种群优胜犬奖（Best in Group，简称B.I.G）：凡获得最佳犬种奖（B.O.B）的参赛犬只均可参加它所在组别的B.I.G的竞争。

全场最佳特幼犬奖（Best Junior Puppy in Show，简称B.J.P.I.S）：每个品种中所有年龄在3～6个月的幼犬第一名可参加全场最佳特幼犬奖（B.J.P.I.S）的比赛，这是3～6个月的犬在犬展中的最高奖项。

全场最佳幼犬奖（Best Puppy in Show，简称B.P.I.S）：每个品种中年龄在6～12个月的幼犬第一名可参加全场最佳幼犬奖（B.P.I.S）的比赛，若该犬同时赢得B.I.G，也有资格参加全场总冠军（B.I.S）的比赛。

全场总冠军（Best in Show，简称B.I.S）：由7组B.I.G角逐产生，胜出者即B.I.S，为犬展最高奖项。

全场后备总冠军（Reserved Best in Show，简称R.B.I.S）：即全场第二名。

5. 犬种标准

（1）犬种标准的概念及涵义　犬种标准就是对纯种犬的特征规定的集合。世界上的第一部犬种标准产生于1876年，它是一部关于斗牛犬的标准。随着犬展的发展，犬类的标准也相应地得以具体和细化，FCI的犬种标准通常包括以下几个方面。

① 整体外观：匀称性；气质；被毛。

② 头部：脑袋和额段；口吻；牙齿；眼睛、耳朵和表情。

③ 身体：颈部和后背；胸部、肋骨和胸骨；腰部、臀部和尾巴。

④ 前躯：肩部；前肢和足爪。

⑤ 后躯：臀部、大腿和膝关节；飞节和足爪。

⑥ 步态：犬正常行走时的姿态，用来衡量犬只是否拥有恰当合理的形态构造。

在上述几项标准中，不但规定出每个部位的理想状态，还明确规定了常见缺陷和失格条件。标准的满分为100分，但是根据不同的犬种，上述6项每个部分所占的分数不同，在打分制度上采用扣分制。

（2）犬种标准在犬展中的意义 在现代犬展上，标准是评审对参赛犬只评价的基础和依据。在犬展上经常会看到出乎意料的结果，一只外表非常华丽的犬竟然输给了一只相貌平平的犬。出现这种情况通常有两个原因：一方面是因为标准采用扣分制，外表很漂亮的犬可能在某个方面存在特别严重的缺陷，以至于被扣掉很多分，相反地，另一只外形普通的犬可能没有什么可以被扣分的缺陷，也不出错，因此就会取胜；另一方面，犬在赛场上的表现，尤其在全犬种犬展上的表现相当重要，参赛犬的精神状态、与牵犬师（又称指导手，Handler）的配合度都会对成绩有很大影响，在参赛犬的分数相差不大时，评审员就会根据它们的现场表现力来决定成绩。因此，标准是一把尺子，而评审员则是会正确使用它的人。

6. 纯种犬展示比赛流程

（1）参赛犬以标准站姿静立，评审员根据外形、站姿、友善程度等项目进行评定。

（2）参赛犬由牵犬师带领，按评审员指定路线慢步行走，评审员根据步态和与牵犬师的配合程度等项目进行评定。

（3）参赛犬由牵犬师带领，按评审员要求完成快步、慢跑、快跑或其他动作。

（4）由评审员统计比赛成绩，评出获奖犬只。在以上任何一个环节完成之后，都可能有部分参赛犬只被淘汰。

7. 比赛注意事项

（1）**牵犬** 正规的国际犬展要求牵犬师着正装，衣着不整或穿着过于随便会被扣分；牵犬师与参赛犬要求动作协调一致，步态优美，做到"人狗合拍"。

（2）**犬只美容** 参赛犬只按该种犬的国际标准美容，应达到干净、美观的目的。

（3）**参赛犬状态调节** 注意调节参赛犬只的心情状态，稳定的情绪对参赛犬只的临场发挥意义重大。

二、我国的犬展

随着宠物行业的迅速发展，我国也成立了很多犬业组织，如中国畜牧业协会犬业分会（CNKC）、中国犬业协会（CKA）、中国光彩事业促进会犬业协会（CKU）、中国工作犬管理协会、名将犬业俱乐部（NGKC）等，这些组织在很多城市都举办了犬展和美容比赛，如北京、上海、南京、武汉、成都、济南等，并从以前的单犬种比赛发展到当今的全犬种比赛，其中最引人注目的当属全军警犬大比武。中国畜牧业协会犬业分会（CNKC）

已颁布了犬赛管理暂行办法,从犬展的组织、规模等方面逐渐成熟起来。在我国全犬种比赛中,CNKC犬种分组除按AKC分的7组外,还有展示犬组(中国特有犬种),包括贵州下司犬、山东细犬、重庆猎犬、昆明犬等,一共8个组别。

  2009年3月5日至3月8日,受英国犬业俱乐部邀请,NGKC代表中国在卡夫杯布展。这是NGKC首次在世界上最大的犬展布展,它向世界展示了中国的犬业文化和发展前景。2010年8月19日,应中华人民共和国公安部的邀请,世界犬业协会(FCI)主席及亚洲畜犬联盟(AKU)主席一行抵达北京进行了为期3天的友好访问,与中国犬业管理部门就国际犬类管理及中国犬类管理的发展和规范、纯种犬发展与认证方法等有关问题进行了积极的讨论。这些都表明我国的犬业发展正在走向世界。

关键技术三　宠物犬的修剪造型

Ⅰ　北京犬的修剪造型

准备工作

电剪、10#刀头、4#刀头、直剪、牙剪、趾甲剪、美容梳、针梳、开结刀、美容桌、洗耳液、洗眼液、吹风机、吹水机、北京犬。

操作方法

1. 修剪准备

将北京犬（图3-1-1）进行清洁美容（见关键技术二）后，准备修剪。重点做以下两步。

（1）用10#电剪刀头将腹毛剃干净（图3-1-2），剃成倒"U"形，公犬则剃成倒"V"形。

（2）用电剪将肛门周围的毛修剪干净（图3-1-3）。

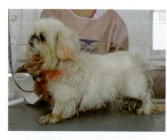
图3-1-1　修剪前的外形

图3-1-2　修剪腹底毛

图3-1-3　修剪肛门

2. 北京犬修剪传统造型

（1）用美容梳将臀部的毛挑起，将尾根至飞节的长毛修剪出半圆弧线，臀部的大小要与犬的整体成比例（图3-1-4）。

（2）臀部的最高点定在臀部上方的1/3处，依据毛量修剪成半圆形，从后面看臀部像半圆的"苹果"状（图3-1-5）。

（3）将后肢飞节以下多余的长毛修剪整齐，要自然伏帖，但不可修剪得过短，以免影响骨量。

（4）飞节以上根据腿的粗细剪出浑圆感，从侧面看外形如"大鸡腿"状。

（5）将后足边修剪整齐，不可露脚趾（图3-1-6）。

（6）将体侧毛用美容梳挑起，根据需要的长度修剪整齐，整体要圆润（图3-1-7）。

（7）下腹线最高点定在生殖器前（母犬定在倒数第2与第3个乳头附近），腹线要收得流畅圆润（图3-1-8）。

（8）胸部要修剪得浑圆、饱满。最高点定在胸骨的斜上方，胸骨下方的毛要剪得短一些，注意过渡衔接。

（9）将胸毛用美容梳梳起，从下颌至胸骨的部分做依次修剪，直至有圆滑隆起形状（图3-1-9）。

（10）拉起前肢，将胸底部的长毛向下梳整齐，用直剪做胸部与腹部的过渡修剪，使之衔接自然。注意胸部不能有下垂感。

（11）将前足向后抬上翻起，用直剪将近腕关节以下的长毛剪去。

（12）抬起前肢，用直剪将前肢的肘关节至腕关节的长毛剪去，呈斜面，肘关节部最长毛应和胸底最下端长毛相接。由于北京犬四肢较短，在修剪时应注意比例（图3-1-10）。

（13）让犬自然站立，将前肢修剪成圆柱形，不要修剪得太细小，以免破坏身体的整体比例，修剪后外观应

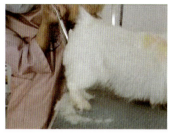

图3-1-4 修剪臀部

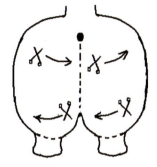

图3-1-5 臀部造型及运剪方法

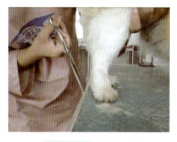

图3-1-6 修剪足边

图3-1-7 修剪体侧毛

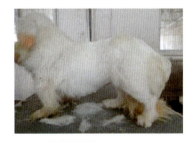

图3-1-8 修剪腹线

图3-1-9 修剪胸部被毛

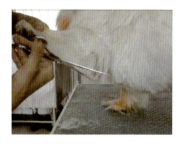

图3-1-10 修剪前肢

似"小鸡腿"状。

（14）修剪前足，将脚趾边缘的饰毛修剪整齐（图3-1-11）。

（15）将前肢与胸部结合部位修剪圆润。

（16）用牙剪细心修剪内眼角下方、鼻梁上皱褶处的多余长毛，北京犬眼睛比较凸出，所以修剪时要格外小心（图3-1-12）。

图3-1-11 修剪前足

图3-1-12 修剪面部

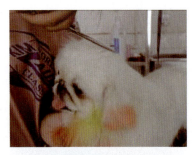

图3-1-13 修剪头部

（17）用牙剪将脸颊两侧的长毛稍加修剪，整齐即可，不要剪去太多，以免使得头部变小。

（18）用牙剪修剪面部长毛，外观整齐、可爱。

（19）根据个人喜好，可将长而硬的唇须从根部剪掉。

（20）用牙剪修剪头顶部碎毛，以头顶为中心作扇形修剪，使其圆润光滑（图3-1-13）。

（21）修剪耳朵，耳毛短时，用直剪修剪耳缘毛，修成小圆耳朵，并剪短内外侧饰毛。对于长毛耳朵，梳理顺滑后将末端修剪整齐即可（图3-1-14）。

图3-1-14 修剪耳朵

（22）用直剪将尾巴根部的长毛剪短约1cm左右。以尾根为中心，从中间界分开两边梳理，将尾巴拉伸后用直剪将尾毛作"半月状"修剪。提起尾毛将尾尖修剪整齐（图3-1-15）。

（23）最后修整整体造型，传统造型的整体运剪方法如图3-1-16所示，美容效果如图3-1-17所示。

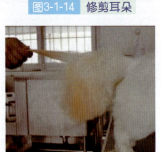

图3-1-15 修剪尾部

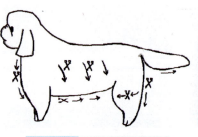

图3-1-16 传统装的整体造型和运剪方法

图3-1-17 美容后的效果

3. 北京犬修剪狮子装造型（美容前外形见图3-1-18）

（1）**修剪背部被毛** 将犬颈部以前的毛向前梳理，以此为界，用4#刀头的电剪向后剃至坐骨端（图3-1-19）。

图3-1-18 美容前外形　　　　图3-1-19 修剪背部被毛

（2）**修剪体躯** 以颈部为界，用4#刀头电剪将身体两侧被毛全部剃除，使其光滑整齐（图3-1-20）。

（3）**修剪后躯** 4#刀头电剪剃除大腿外侧被毛，使其光滑整齐（图3-1-21）。

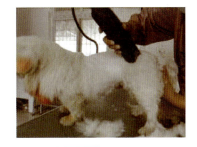

图3-1-20 修剪体躯　　　　图3-1-21 修剪后躯

（4）**修剪臀部** 4#刀头电剪剃除臀部被毛，并将肛门周围的毛修剪干净（图3-1-22）。

（5）**修剪后肢** 用直剪将飞节以下剪短，使其圆润、整齐（图3-1-23）。

图3-1-22 修剪臀部　　　　图3-1-23 修剪后肢

（6）**修剪后足** 将脚趾周围的毛用直剪修剪成圆形，使其整齐。

（7）**修剪尾部** 用4#刀头电剪剃除2/3尾毛，将剩余1/3尾尖修剪成毛笔尖状（图3-1-24）。

（8）**修剪前躯** 用4#刀头电剪剃除脖子以下胸前被毛并剃除肩胛骨两侧被毛，再用直剪修剪把颈部留下的"围脖"的被毛修剪整齐（图3-1-25）。

图3-1-24 修剪尾部

图3-1-25 修剪前躯

（9）**修剪前足** 将脚趾周围的毛用直剪修剪整齐，使其成圆形。

（10）**修剪腹底毛** 用10#电剪刀头将腹毛剃干净，修剪整齐（图3-1-26）。

（11）**修剪面部** 用牙剪将脸颊两侧的长毛稍加修剪，整齐即可，不要剪去太多，以免显得头部变小。用牙剪细心修剪内眼角下方、鼻梁上皱褶处的多余长毛。根据个人喜好，可将长而硬的唇须从根部剪掉。

（12）**修剪头部** 用牙剪修剪头顶部碎毛，以头顶为中心作扇形修剪，使其圆润光滑。

（13）**修剪耳朵** 用直剪修短耳缘毛，剪成小圆耳朵，并剪短内外侧饰毛，使其整齐伏帖。

（14）用牙剪修剪电剪与直剪的结合部，使其衔接自然、整齐（图3-1-27）。

图3-1-26 修剪腹底毛

图3-1-27 狮子装整体外形

（15）狮子装整体清爽、利落、可爱，其整体运剪方法如图3-1-28所示。此外，还有夏装修剪法，其整体造型和运剪方法如图3-1-29所示。

图3-1-28 狮子装的整体造型和运剪方法

图3-1-29 夏装的整体造型和运剪方法

注意事项

1. 传统造型的修剪要体现北京犬的品种特点。
2. 北京犬胸部被毛要修剪得浑圆、饱满。
3. 北京犬头部、面部的修剪要注意细节,使其干净整齐。
4. 传统造型和狮子装尾巴的修剪方法不同。
5. 注意尾巴修剪的技巧与方法。
6. 根据宠物主人要求的长度留取被毛,选择合适的电剪刀头。
7. 修剪要耐心、细致且快速,不要让犬在美容台上站立时间过长。
8. 要有空间想象力,修剪出完美的造型。

参考资料 北京犬品种介绍

北京犬是一种平衡良好、结构紧凑的犬种,又名北京狮子犬、宫廷狮子犬、京巴。

1. 起源

北京犬起源于中国,根据考古学家自古墓中的发现,在两千多年前就已经有了北京犬,护门神"麒麟"就是该犬的化身。北京犬在历代王朝中均备受宠爱,视为珍宝,只在宫廷内繁殖。数百年来,宦官担负着保持北京犬血统纯正的责任,制定了严格的育种标准。直到1860年,八国联军攻占北京,北京犬作为战利品被带到英国,献给了维多利亚女王,才被西方人士熟知。从此北京犬开始允许平民饲养。

2. 外貌特征

(1) 体型 身材矮胖,肌肉发达。体重约3～6kg,体高在20～25cm之间,体高和体长的比例大约以3∶5为佳。

(2) 头部 头顶高,骨骼粗大、宽阔且平,面颊骨骼宽阔,使头呈矩形。下巴、鼻镜和额部处于同一平面。鼻子黑色、宽且短,上端正好处于两眼间连线的中间位置。眼睛大、黑、圆、有光泽而且分得很开。口吻短且宽,有皱纹,皮肤是黑色的。下颚略向前突。嘴唇平,而且当嘴巴闭合时不露牙齿和舌头。心形耳,位于头部两侧。

(3) 颈部、背线、身躯 颈部非常短,而且粗。身体呈"梨"形,且紧凑。前躯重,肋骨扩张良好。胸宽,胸骨突出很小或没有突出。腰部细而轻,背线平。前肢短且骨骼粗壮,肘部到脚腕之间的骨骼略弯。肩平贴于躯干,肘部总是贴近身体。前足爪大、平且略向外翻。后躯骨骼比前躯轻。从后面观察,后腿适当靠近、平行。趾扁平,趾尖向前。

(4) 尾部 尾根位置高,尾向背部翻卷,饰毛长、厚且直,并垂在一边,呈放射状,有"菊花尾"之称。

(5) 被毛 身躯被毛长、直、竖立,而且有丰厚柔软的底毛,脖子和肩部周围有明显的鬃毛,且比其他被毛稍短。在前腿和大腿后边、耳朵、尾巴、脚趾上有较长的饰毛。被毛颜色种类多样。

（6）步态　从容高贵，肩部后略显扭动。由于前躯重、后躯轻，所以会以细腰为支点扭动。扭动的步态流畅、轻松，就像欢蹦乱跳一样，显得很自由。

3. 缺陷

体重超过6kg；头顶呈拱形；鼻镜、嘴唇、眼圈不是黑色；上颌突出式咬合，牙齿或舌头外露，嘴巴歪斜；耳位过高、过低或靠后；脊柱弯曲；前腿骨骼直。

4. 特性

北京犬小巧玲珑、秀气，综合了帝王的威严、自尊、自信、顽固而易怒的本性，个性活泼，表现欲强。对陌生人具有很高的警惕性，但对宠物主人则显得可爱、友善而充满感情，是优秀的玩赏犬。

II　博美犬的修剪造型

准备工作

1. 准备电剪、10#刀头、直剪、牙剪、小直剪、美容梳等工具。
2. 用10#电剪刀头将博美犬脚底毛剃干净。
3. 用10#电剪刀头将博美犬腹毛剃干净，公犬剃成倒"V"形，母犬剃成倒"U"形。
4. 用10#电剪刀头将博美犬肛门周围的毛剃成"V"形，宽度不超过尾根。

操作方法

将准备好的博美犬（图3-2-1），按照运剪方向图（图3-2-2）进行修剪。

图3-2-1　博美犬修剪造型前

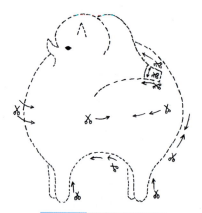

图3-2-2　运剪方向示意

1. 将脚修成猫足状

将犬脚向前伸，用拇指将脚趾上的毛推向右边，用小直剪剪掉超过足垫边缘的多余饰毛，再将毛推向左边，剪掉多余饰毛，露出趾甲。然后处理断层，使脚看上去有弧度（图3-2-3和图3-2-4）。

图3-2-3 修剪后脚

图3-2-4 修剪前脚

2. 修剪尾部

将直剪（或牙剪）放在尾根位置，从两边各打斜45°修剪尾根的被毛（图3-2-5），掀起尾巴，捏住尾巴中间的饰毛，将尾部的毛向上挑起，修剪尾根上部的毛，修至几乎与尾巴平，从侧面看感觉尾根提至腰部（图3-2-6），并将侧面边缘的毛剪至扇形，使尾巴服帖在背上（图3-2-7）。将影响到尾巴与背部服帖的毛剪掉。

图3-2-5 修剪尾部

图3-2-6 尾根提至腰部

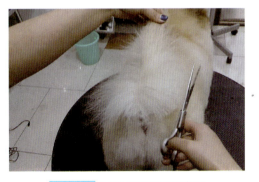

图3-2-7 尾巴侧面修剪呈扇形

3. 修剪臀部和大腿

将修剪范围由尾部扩大到臀部上方一点，用直剪将臀部修圆，大腿至飞节修圆，并将大腿修成鸡大腿状（图3-2-8和图3-2-9）。

4. 修剪后肢飞节以下

将后肢飞节处的毛挑起，观察飞节与桌面是否垂直。若垂直将层次不齐的毛剪掉（图3-2-10）；若飞节向前斜，则上部留毛短，下部留毛长；若向后斜，则上部留毛长，下部留毛短。

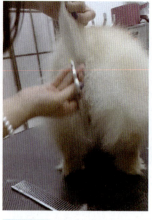  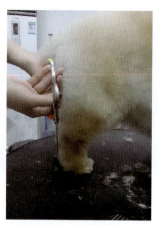

图3-2-8　修剪大腿（后面）　　图3-2-9　修剪大腿（侧面）　　图3-2-10　修剪后肢飞节以下

5. 修剪腰线

用直剪左右各倾斜45°沿臀部修剪出股部分界线，在后肢前面稍稍修剪出一条弧线，但不要特别突出腰（图3-2-11）。

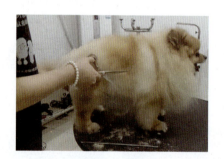

图3-2-11　修剪腰线

6. 修剪腹线

用直剪从后肢大腿处沿下腹部曲线修剪至前肢饰毛，平行修剪下腹部，并修成弧形的腹线（图3-2-12）。

图3-2-12　修剪腹线

7. 修剪胸部

犬两前肢正常平行站立，将胸部毛挑起，用直剪从上向下、从右向左横剪出两个圆，圆的最低点在肘关节，使胸部浑圆饱满（图3-2-13和图3-2-14）。

图3-2-13 修剪胸部（侧面）

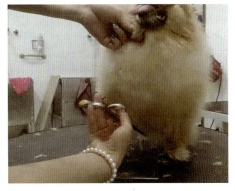
图3-2-14 修剪胸部（正面）

8. 修剪前肢
将前肢剪成垂直于地面的形状（图3-2-15）。

9. 修剪面部
用拇指与食指握住犬的上下颌，小指从头顶绕过扣住头后部，挡住眼睛，分别从上面和下面用直剪剪掉胡子和眉毛（图3-2-16）。

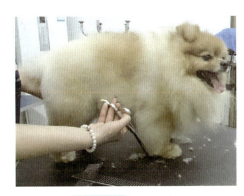
图3-2-15 修剪前肢

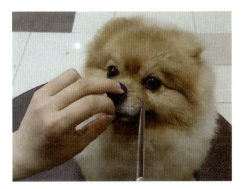
图3-2-16 修剪面部

10. 修剪耳朵
用声音吸引犬将耳朵摆正，手摸到耳朵位置，拇指与食指捏住，用小直剪剪掉耳尖多余饰毛（图3-2-17），使耳尖、外眼角、鼻尖呈正三角形（图3-2-18）。

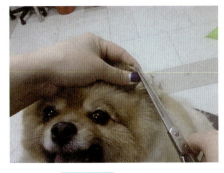
图3-2-17 修剪耳朵

拇指食指捏住耳朵

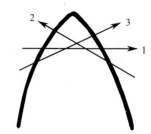
三刀法剪云耳朵边缘饰毛

耳尖、眼角、鼻尖呈正三角形

图3-2-18　耳朵的修剪方法示意

图3-2-19　整形修剪

11. 整形修剪

用直剪将背部参差不齐的被毛修齐修圆。用牙剪整体修剪，将层次不齐的毛修顺，形成浑圆、利落、可爱的造型（图3-2-19）。

1. 耳朵的修正

如果两耳距离大，则将耳朵外边缘毛多剪，内边缘毛少剪；若耳朵长得很紧凑，则耳朵外边缘毛少剪，内边缘毛多剪（图3-2-20）。

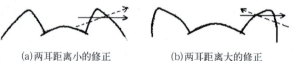

(a)两耳距离小的修正　　(b)两耳距离大的修正

图3-2-20　耳朵的修正

2. 四肢的修正

四肢长的犬，腹线修剪幅度小，毛留较长；四肢短的犬，腹线修剪幅度大，毛留较短（图3-2-21）。

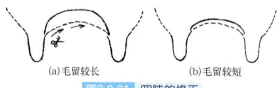

(a)毛留较长　　(b)毛留较短

图3-2-21　四肢的修正

 博美犬品种介绍

1. 来源

博美犬（图3-2-22）最初由位于德国东北部地区博美拉尼亚（Pomeran）的普鲁士民族饲养，是北方雪橇犬家族中体型最小的一种。它与萨摩犬、松狮犬、挪威猎麋犬都有亲缘关系，而且最初属于工作犬或看护犬，直到欧洲文艺复兴时期才真正转为适居户内的伴

侣犬，不过由于原始的天性，博美犬仍然具备看护家园的本领。

2. 品种标准

（1）**体型** 体高20～30cm，体重1.36～3.18kg，体长略小于体高，从胸骨到地面的距离等于肩高的一半。骨骼较发达，四肢长度与整个身体相协调。触摸时应该感觉到很结实。

（2）**头部** 头部与身体比例相协调，口吻部细而直，且精致，能自由地张嘴却不显得粗鲁。表情警惕，似狐狸。颅骨顶部稍微突起，从前面或侧面看，耳朵小巧，位置高且直立，从鼻尖到两外眼角再到两耳尖形成一个三角形。头部呈楔状。尾根位置高，尾部有浓密饰毛，尾巴平放在背上。眼睛颜色深且明亮，中等大小，呈杏仁状。鼻镜、眼圈呈黑色，棕色、河狸色和蓝色的毛色是本品种特有的颜色。牙齿洁白，呈剪状咬合。

图3-2-22　博美犬

（3）**颈部** 颈部短，与肩部连接紧密，使头能高高昂起。背短，背线水平。身躯紧凑，肋骨扩张良好，胸深与肘部齐平。

（4）**前躯** 肩部向后伸展，使颈部和头能高高昂起。肩部和前肢肌肉较发达。肩胛骨与上臂骨长度相等。前肢直且相互平行。脚趾紧凑，既不向内翻也不外展。向前呈猫足状，狼趾可切除，前脚跟直而强壮。

（5）**后躯** 后躯与前躯保持平衡。臀部在尾跟部后方。大腿肌肉较发达。飞节与地面垂直，腿骨直，两后肢直而相互平行。

（6）**饰毛** 双层毛，下层饰毛柔软、浓密，上层饰毛浓密较粗硬。饰毛除白色以外的所有颜色、图案以及变化均可接受。

（7）**步态** 步态骄傲、庄重，而且活泼、流畅、轻松。有良好的前躯导向以及有力的后躯驱动。每一侧的后腿都能与前腿在同一直线上移动。腿略向身体中心线聚拢，以达到平衡。前腿和后腿既不向内也不向外翻，背线保持水平，而且整体轮廓保持平衡。

（8）**气质** 性格外向、活泼调皮、聪明，脸部表情永远是笑眯眯的模样，非常容易融入家庭，但一般会与一名家庭成员特别接近而视他为领袖。博美犬是非常优秀的伴侣犬，同时也是很有竞争力的比赛犬，具有警惕的性格、聪明的表情、轻快的举止和好奇的天性。虽属于小型犬种，但遇到突发状况会展现勇敢、凶悍的一面。

Ⅲ 西施犬的修剪造型

准备工作

1. 准备电剪、10#刀头、4#刀头、直剪、牙剪、小直剪、美容梳等工具。

2. 用10#刀头电剪将西施犬脚底毛剃干净。

3. 用10#刀头电剪将西施犬腹毛剃干净，公犬剃成倒"V"形，母犬剃成倒"U"形。

4. 用10#刀头电剪将西施犬肛门周围的毛剃成"V形"，尾根以上2cm的毛剃净（图3-3-1）。

图3-3-1　肛门和尾根的剃法

操作方法

1. 电剪修剪

将背部分成7层，第1层枕骨开始顺脊椎至尾根；第2层、第5层脊椎两侧；第3层、第6层身体中间部位；第4层、第7层临近假想线的位置（图3-3-2）。用4#刀头电剪顺毛生长方向剃，横向移动电剪，依次从枕骨到尾根、从胸骨到坐骨剃成弧形假想线，下颌至胸部也在剃除范围内（图3-3-3和图3-3-4）。

2. 修剪臀部

用直剪或牙剪将臀部修剪成很小弧度的弧形（图3-3-5）。

图3-3-2　背部的7层法修剪

图3-3-3　西施犬整体修剪的运剪方法

图3-3-4　顺毛方向移动电剪

图3-3-5　臀部的修剪

3. 修剪后肢

犬呈正常站姿站在桌子的边缘处，先将脚边缘的毛修剪整齐。将脚向后翻起，用手将

关键技术三　宠物犬的修剪造型

其挡在虎口前，用直剪将周围多余饰毛剪短，修剪成"靠近肉垫处毛短、远离肉垫处毛长"的形状，不能露出脚趾（图3-3-6）。腿后侧面以后肢飞节角度的正中心作为假想点，用直剪分3步修剪出完美的飞节角度（图3-3-7），第1步从坐骨开始斜向假想点处；第2步从飞节下方斜向假想点；第3步把假想点连接处按弧形修剪，允许横剪。用直剪横向平行修剪后肢外侧。从腰线向脚尖方向沿直线修剪后肢前侧面。将后肢内侧面被毛用排梳向外挑起，直剪从上向下沿直线横剪（图3-3-8）。四个侧面修剪结束后将后肢修成裤裙形（图3-3-9）。

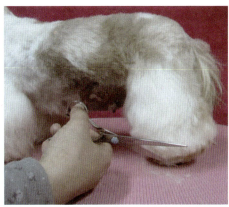

图3-3-6　脚边缘毛的修剪

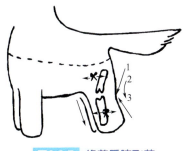

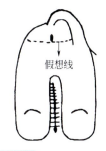

图3-3-7　修剪后肢飞节　　图3-3-8　修剪后肢内侧面　　图3-3-9　后肢修成裤裙形

4. 修剪前肢

脚边缘毛的修剪方法与后肢相同。用直剪将西施犬的前肢修成裤裙形（图3-3-10）。

5. 修剪全身

用直剪将西施犬的身体修成圆筒形，将胸部修成圆弧形。

6. 修剪尾部

将松散的尾巴拧成束，用牙剪剪掉尾束尖部突出的毛发，再用牙剪修剪尾巴上层次不齐的被毛，尾巴修剪成尾根部位毛长而尾尖部位

图3-3-10　前肢修成裤裙形

毛短的形状。

7. 修剪头部

头部的修剪要按照图3-3-11进行修剪。

① 用直剪修剪额头两侧，确定额面的宽度（图3-3-12）。

② 将头顶饰毛用排梳完全向前梳理，牙剪打斜45°角，从一侧眼角至另一侧眼角剪刀横向修剪，修剪成临近额段处毛短、靠近头顶处毛长的形状（图3-3-13）。

③ 下颌剪成一字形（图3-3-14）。

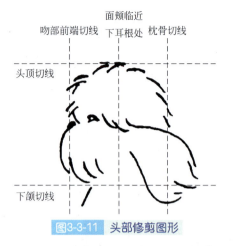

图3-3-11 头部修剪图形

图3-3-12 确定额面宽度

图3-3-13 前额饰毛的修剪

图3-3-14 下颌的修剪

④ 将其吻部周边毛梳成菊花状，用牙剪从一侧面颊跨过鼻梁至另一侧面颊修成一个倒"U"形（图3-3-15）。

⑤ 修整面颊两侧的饰毛，露出眼睛（图3-3-16）。

图3-3-15 吻部"U"形的修剪

图3-3-16 面颊的修整

⑥ 将头部所有饰毛用排梳向上挑起，牙剪按圆弧的形式将其修圆，枕骨部分的被毛也修剪呈圆弧状（图3-3-17）。

⑦ 用排梳将耳朵的饰毛向下梳，用牙剪将耳朵边缘的饰毛修剪成弧线或直线，耳朵饰毛的长度可以与下巴被毛的长度保持一致，也可以适当地留长（图3-3-18）。

关键技术三 宠物犬的修剪造型

图3-3-17 头部饰毛整形　　图3-3-18 耳朵的修剪

8. 整体造型

用牙剪修剪整体，弥补刀痕和断层，并且要将假想线处修剪至上下自然衔接，使西施犬看上去甜美、可爱（图3-3-19）。

注意事项

1. 修正四肢时，修正长筒短肢，需要将前胸及臀部的毛剪短，腹线上提，腰线前移。

2. 修正四肢时，修正短筒长肢，需要将前胸及臀部的毛留长，腹线下移，腰线后移。

修正的后肢与正常后肢的比较如图3-3-20所示，修剪后前肢的形状如图3-3-21所示。

图3-3-19 整体造型

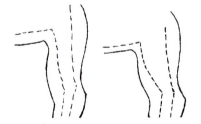

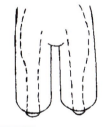

图3-3-20 修正的后肢（右）与正常后肢（左）的比较　　图3-3-21 修剪后前肢的形状

参考资料 西施犬品种介绍

1. 来源

西施犬（图3-3-22）的原产地是我国西藏，是我国具有悠久历史的犬种。传说在17世纪中叶，由西藏达赖喇嘛献给皇帝的拉萨狮子犬与北京犬杂交而成。1908年慈禧太后死后，这种犬被秘密地运往欧洲，列入非运动犬组。西施犬体型小，聪明，非常温顺。英国于1935年成立了西施犬俱乐部，1969年AKC对西施犬开始登记，9月正式参

图3-3-22 西施犬

加比赛，归类到玩具犬组。

2. 品种标准

（1）**体型** 体重4.5～7.5kg，肩高22.9～27.9cm、最低20～27.9cm，体长大于体高。界于长腿与短腿之间，既不显得瘦高也不显得矮粗。

（2）**头部** 头圆且宽，颅骨呈拱形，表情热情甜蜜友好（表情与五官紧密联系，五官到位、表情正确，但购买西施时一定不要被美容过的西施所蒙蔽，一定要仔细看其血统标准）。眼睛大而圆，不突出，眼距宽，呈黑色。肝色和蓝色犬的眼睛颜色浅。耳朵大，耳朵上有非常丰富且厚的饰毛，耳位低（耳位平行于或略低于外眼角延长线）。吻部方且短、没有皱纹，口吻前端平，下唇和上唇咬合非常紧密，下颌不突出，也不后缩。鼻孔宽、朝天，鼻子长在吻部前端，为黑色（一般西施犬的鼻子、嘴唇、眼睛颜色为黑色，但身体毛若出现鹅肝色、巧克力色时鼻子、嘴唇、眼睛颜色同身体毛保持一致，若是黑色则更好）。

（3）**面部特征** 幼年时期似"菊花"状（因为头部饰毛向各方向生长），成年后的饰毛会长长而垂下来，但毛的生长走向仍是"菊花"状。

（4）**身体** 颈部要足够长，使其头部可以高高抬起；背线水平，躯干短而结实，腰部明显，胸部宽而深（因为好动），胸部深度超过肘关节（其他犬一般胸深低于或平行于肘关节），从肘关节到肩胛的距离大于从肘关节到地面的距离。臀部平，尾位高，向背部卷曲。四肢笔直，骨骼发达，肌肉丰富，前肢间距宽。脚大而平，紧凑，脚垫发达，脚尖向前。

（5）**被毛和颜色** 双层毛。内层绒毛保温，浓密；外层毛起保护作用，长而密，华丽下垂。允许外层毛有轻微波浪。头顶毛用饰带扎起。允许有任何颜色和斑块，而且所有颜色一视同仁。

（6）**步态** 保持一定的速度沿直线行走，速度自然，既不飞奔，也不受拘束，步态平滑、流畅、轻快，前躯伸展，后躯有力，背线始终保持水平，自然地昂着头，尾巴柔和地翻卷在背后。

Ⅳ 贵宾犬的修剪造型

准备工作

1. **动物** 贵宾犬2只。
2. **工具** 电剪、10#刀头、15#刀头、牙剪、美容梳。

操作方法

1. 清洁美容

给贵宾犬做清洁美容，除了足部外，其他部位与学习情境二的方法相同。重点做以下两步。

（1）洗澡后边吹边梳理被毛，将被毛拉直。

（2）用10#电剪刀头将腹毛剃干净，公犬剃成倒"V"形，母犬剃成倒"U"形。

2. 贵宾犬运动装的修剪步骤

（1）电剪操作

① 修剪脚部（15#刀头） 将电剪指向腿的方向，从趾甲开始，向上剪去脚顶部及两侧的毛，修剪至掌骨（图3-4-1和图3-4-2）。把脚掌翻转过来，剪去脚底部脚垫之间和脚垫周围的毛。修剪完后，趾甲和脚掌上都没有任何碎毛，脚垫暴露出来。

图3-4-1 修剪脚部

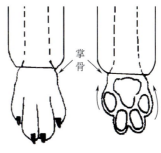

图3-4-2 脚部修剪示意

② 修剪面部（15#刀头） 首先在外眼角至上耳根之间修一条直线，剪去耳朵前部所有的毛发，继续剪去脸颊及脸两侧的毛发（图3-4-3）。两侧脸部都修完后，在两眼之间将电剪刀头向着内眼角的方向剪一个倒"V"形，将鼻梁上的毛和嘴角的胡须剃干净。抬起犬的头，从两侧耳朵的下耳根至喉结下方修剪成"V"形的项链状（图3-4-4）。头部电剪修剪界线和运剪方法示意图如图3-4-5（侧面）、图3-4-6（正面）和图3-4-7（下颌）所示。

图3-4-3 修剪面部　　图3-4-4 修剪下颌

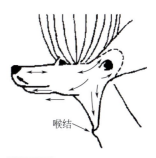

图3-4-5 面部侧面修剪示意

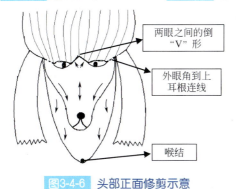

图3-4-6 头部正面修剪示意

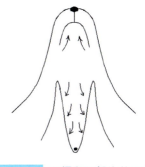

图3-4-7 下颌和颈部修剪示意

③ 尾巴修剪（15#刀头） 一只手抓住犬的尾巴，另一只手将电剪倾斜逆毛修剪尾根，剪至尾根与身体的结合点为止。修剪完一侧，再剪另一侧，使修剪的部位呈倒"V"形，将尾部约1/3的毛发修剪干净（图3-4-8和图3-4-9）。可以根据尾巴的长短，调整修剪的长度以调整尾巴毛球的位置。提起尾巴，把肛门周围的毛剃净，剃成"V"形。

图3-4-8　修剪尾根

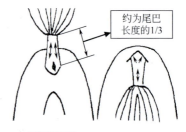
图3-4-9　尾根修剪示意图

（2）修剪操作

① 修剪股线　以尾根为中心，剪刀倾斜45°进行圆形修剪（图3-4-10和图3-4-11），使接近尾根的臀部被毛形成一个斜面。根据留毛的长度确定斜面大小。

图3-4-10　以尾根为中心修剪股线

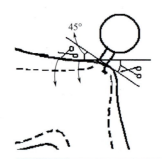
图3-4-11　股线修剪示意图

② 修剪背部　将直剪与背部平行，从臀部到背部修剪一段背线，从背部延伸到肩部，毛发逐渐增长。背部两侧的被毛都以背线为基准，呈放射状修剪（图3-4-12）。如果背部不规则，可以通过修剪来弥补（图3-4-13）。

图3-4-12　修剪背部到肩部

关键技术三 宠物犬的修剪造型

(a)正常　　　　　　　　(b)驼背　　　　　　　　(c)凹背

图3-4-13 矫正背部异常

③ 修剪后肢　沿着背线和股线向下修剪后肢的被毛，将两腿之间的杂毛修剪整齐（图3-4-14）。后腿应保持适当的弯曲度，在飞节处修出45°转折（图3-4-15）。腿部要修剪成平滑的曲线，以达到平衡的状态。用梳子将脚踝处的毛垂直向下梳，沿脚踝修剪成一个圆形的袖口。

如果后肢生长异常则需要进行修正，图3-4-16为后肢正常造型和"X"形腿与"O"形腿的矫正方法示意图。

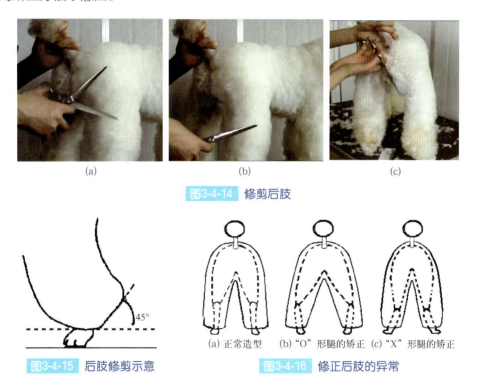

图3-4-14 修剪后肢

图3-4-15 后肢修剪示意

(a)正常造型　(b)"O"形腿的矫正　(c)"X"形腿的矫正

图3-4-16 修正后肢的异常

④ 修剪腹线　沿着背线向下向前，呈放射状修剪腹部，腹线修成后高前低的斜线（图3-4-17）。

⑤ 修剪前肢　由背线剪至肩部，再过渡到前肢，将前肢修剪成圆柱形，注意前肢内侧的毛发修剪干净，与下腹部的毛自然衔接（图3-4-18）。如果两前肢间距不正常，可以通过修剪来弥补。正常前肢造型、前肢短且间距大的修正以及前肢长且间距小的修正方法如图3-4-19所示。

图3-4-17 修剪腹线

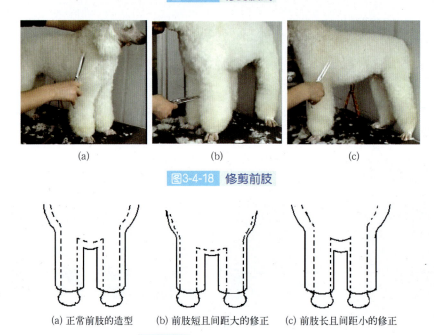

(a)   (b)   (c)

图3-4-18 修剪前肢

(a) 正常前肢的造型　　(b) 前肢短且间距大的修正　　(c) 前肢长且间距小的修正

图3-4-19 前肢的修剪方法示意

⑥ 修剪前胸　以胸骨最高点为中心呈放射状修剪，使前胸浑圆，显示出贵宾犬挺胸抬头的高贵气质。前胸毛不可留下太多，以免使身体过长。颈部的毛与前胸的毛自然衔接（图3-4-20）。

⑦ 头饰修剪　头饰作圆形修剪，要丰满有立体感，并与身体自然衔接。将直剪倾斜修剪两眼上方，剪成远离头一侧毛长贴近头一侧毛短的斜面（图3-4-21）。用美容师将头部饰毛全部挑起，正面采用五刀剪法（图3-4-22），剪完后再作圆形修整。侧面用直剪，在耳朵与头饰交界处剪出一条分界线，再采用三刀剪法（图3-4-23），剪完作圆形修整即可。

⑧ 尾巴的修剪　将尾巴的饰毛旋转拧成绳状，根据尾巴的长度和毛量确定尾巴毛球的大小，用直剪将末端剪掉，再作圆形修剪，将毛球修圆，也可用弯剪修剪。

3. 实训整形

贵宾犬整体修剪造型要对称、平衡，体现出身体各部分的比例关系，整体修剪的运剪方法如图3-4-24所示，整体造型图如图3-4-25所示。

关键技术三　宠物犬的修剪造型

图3-4-20　修剪前胸

图3-4-21　修剪两眼上方饰毛

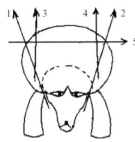

图3-4-22　头饰正面修剪方法及完成图

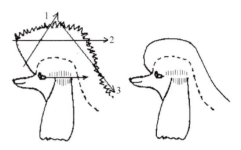

图3-4-23　头饰侧面修剪方法及完成图

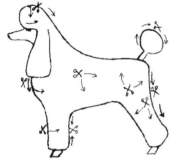

图3-4-24　贵宾犬整体修剪运剪方法

图3-4-25　整体造型侧视图（左）和俯视图（右）

4. 贵宾犬泰迪装的修剪造型

毛量丰富的玩具型贵宾犬和迷你型贵宾犬适合修剪泰迪装。

（1）将贵宾犬的脚底毛剃干净，爪上部的毛留下（图3-4-26）。

（2）肛门周围的毛剃净，尾根以上2cm剃净（图3-4-27）。

（3）提起犬脚将脚边修理整齐，放下后再做修整（图3-4-28）。

（4）观察毛量按比例水平修剪背线第一个面（图3-4-29）。

（5）修剪髋骨到坐骨的第二个面，该面与水平面夹角呈30°（图3-4-30）。

（6）后肢从坐骨到地面的1/3处剪第三个平面，该面与地面垂直（图3-4-31），倾斜度与踝关节的立体感相搭配，保持相同的曲线过渡到足尖（图3-4-32）。

（7）后肢前侧剪成一条直线，与腿弯顺畅地连接（图3-4-33）。

图3-4-26 修剪脚底毛

图3-4-27 修剪尾根

图3-4-28 修剪脚边

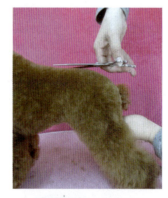
图3-4-29 修剪背线

图3-4-30 修剪坐骨

图3-4-31 修剪脚边

图3-4-32 后肢的倾斜度

图3-4-33 后肢前侧的修剪

（8）上腹要剪成圆弧状，同时参照整体的平衡（图3-4-34）。

（9）前胸与颈部、肩部顺畅连接（图3-4-35）。

图3-4-34　上腹的修剪　　　　　　　　图3-4-35　前胸的修剪

（10）颈部与躯干部自然相连（图3-4-36）。

（11）对比后肢调整前肢，使内外两侧、前后肢都呈圆筒状（图3-4-37），后部的线与前部的线平行。

图3-4-36　颈部的修剪　　　　　　　　图3-4-37　前肢的修剪

（12）修剪鼻梁上部的毛，使其露出眼睛（图3-4-38）。

图3-4-38　眼睛周围的修剪

（13）修剪由鼻梁骨至眼睛下方的毛时，不要留太多，将额头修剪成与水平面夹角呈45°的斜面（图3-4-39）。

（14）头顶剪平（图3-4-40）。

(15) 下颌剪平，呈"一"字形（图3-4-41）。

(16) 将头部剪成正方形，以确定长度及宽度（图3-4-42）。

(17) 修去棱角，使头部呈正圆形（图3-4-43）。

(18) 修剪嘴边，调节面部表情（图3-4-44）。

(19) 头部与颈部自然连接（图3-4-45）。

(20) 将尾巴剪成球形（图3-4-46）。

(21) 图3-4-47为侧面完成图，图3-4-48为正面完成图。

5. 泰迪装头部造型参考

泰迪装的修剪方法很多，主要区别是头部的造型方法，几种泰迪装头部造型的参考如图3-4-49所示。

图3-4-39 额头的修剪

图3-4-40 修剪头顶

图3-4-41 修剪下颌

图3-4-42 将头部剪成方形

图3-4-43 将头部修圆

图3-4-44 修剪嘴边

图3-4-45 头部与颈部衔接

关键技术三 宠物犬的修剪造型

图3-4-46 将尾巴剪成球形

图3-4-47 侧面完成图

图3-4-48 正面完成图

图3-4-49 泰迪装头部造型

注意事项

1. 脚部修剪时要注意不要修剪得过高或过低，趾甲和脚趾间不能有杂毛。
2. 修剪脸部时电剪不要过热。
3. 尾巴的毛球的修剪要与身体协调，根据尾巴饰毛的毛量和尾巴的长度确定毛球大小（图3-4-50）。
4. 在后肢和上腹部连接处修剪出腰线（图3-4-51）。

图3-4-50 修剪尾球

图3-4-51 修剪腰线

5. 在修剪的过程中控制犬，使其在正常站立姿势下修剪。
6. 固定犬的时候尽量不要将修剪好的部分按压变形，要拖住犬的下颌或臀部，修剪过程中一只手持直剪，另一只手必须扶住犬。
7. 此修剪方法为传统修剪法，或称为运动装。贵宾犬的造型有很多种，常见的参赛装有赛级幼犬装（又称芭比装，适合12个月以下的犬）、欧洲大陆装和英国鞍马装等。

参考资料

一、贵宾犬品种介绍

贵宾犬又称贵妇犬、蒲尔犬、蒲多犬。法语名称"Caniche"，意为"水鸭子"；德语名为"Pudel"，意为"狗刨式游泳"；英语名称"Poodle"，意为"溅水"。这些名称都来源于最早的用途，因为很早以前人们常用贵宾犬在沼泽地带猎获小动物。该犬常被修剪成各种造型，在法国备受宠爱，尊为"国犬"。

1. 起源

贵宾犬的起源尚有争议，如有人认为，白毛品种起源于法国，棕毛品种起源于德国，黑毛品种起源于前苏联，茶褐色品种起源于意大利。目前较为一致的看法是，贵宾犬起源于法国的水猎犬。

2. 外貌特征

（1）体型 标准型贵妇犬体高超过38.1cm，体重12kg；迷你型贵妇犬体高在25.4～

38.1cm之间，体重7～12kg；玩赏型贵妇犬体高为25.4cm以下，体重3.2～7kg。从胸骨到臀部后端的长度约等于从肩部最高点到地面的高度。身体呈方形，前后肢的骨骼和肌肉与身体比例协调。

（2）**头部** 眼睛颜色很深，卵圆形，两眼距离宽，眼神机警，眼睛下方有轻微凹痕；耳朵下垂，贴近头部，耳根位置在眼睛的稍下方；但耳郭不能过长。颅骨顶部稍圆，眉头浅，但很清晰。面颊平坦。从枕部到眉头的距离约等于吻部的长度。吻部长、直且纤细，牙齿雪白，结实，剪状咬合。

（3）**颈部、背线、躯干** 颈部长且强壮，能使头部高高抬起，喉部皮肤紧，肩部强壮，肌肉丰满。背线起始于肩胛最高点，终止于尾根部，呈水平状，既不倾斜也不拱起，肩部后可轻微凹陷。胸部深而扩张，肋部伸展；腰短而宽，肌肉丰富；前躯强壮，肩胛骨向后伸展，长度约等于腕的长度。从前面看，两前肢直，相互平行；从侧面看，肘部正好位于肩部最高点的下方。脚小，卵圆形，脚既不内翻也不外展，脚尖拱起，脚垫厚而坚韧，前脚跟强健。爪短，但也不能修剪得过短，狼趾可以切除。后躯的角度与前躯协调。从后面看，两后肢直，相互平行；膝关节屈曲，肌肉丰厚；大腿和小腿的长度几乎相等；后脚跟短，与地面垂直。站立时，后脚尖在臀部后端的稍后方。

（4）**尾部** 尾直，尾根位置高，向上翘起，呈剑状，通常断尾1/2或1/3。

（5）**步态** 步伐轻快，有弹性，沿一条直线前进。前躯有力。头和尾高高竖起。行走时保持轻松优美的体态。

（6）**被毛** 卷曲型：被毛粗硬，浓密；绳索型：被毛下垂，身体各部位被毛长度不等，颈部、躯干、头部和耳部的被毛长。被毛颜色为纯色，其中蓝色、灰色、银色、棕色、咖啡色、杏色和奶油色被毛的色度可以深浅不等。

3. 缺陷

眼睛呈圆形，大且突出，颜色浅；下颌不明显；下颚或上颚突出，嘴歪斜。尾根位置低，尾卷曲或翘起于背部上方；八字形的脚；鼻、嘴唇和眼眶的颜色不完整，或与身体的颜色不协调。

4. 特性

贵妇犬聪明活泼，高贵典雅，举止稳健骄傲，有独特的高贵气质。被毛通常修剪成传统的形状，使得贵妇犬与众不同。

二、贵宾犬的主要赛级造型介绍

如图3-4-52所示。

三、贵宾犬两种常见赛级造型的修剪方法

1. 欧洲大陆装

"欧洲大陆装"需要用电剪修剪面部、喉部、脚和尾巴底部，犬的后半身在臀部和脚

(a)赛级幼犬装

(b)运动装

(c)英国马鞍装

(d)欧洲大陆装

(e)迈阿密装

(f)曼哈顿装

(g)帕加玛达奇装

(h)第一大陆装

图3-4-52　贵宾犬的主要赛级造型

掌上方修剪成绒球状，其余剪净。修剪后，臀部左右有两个毛球，四肢脚掌上方各留一个毛球，颈部和胸腹部被毛连接在一起形成一个大毛球。

修剪过程如下。

（1）用15#刀头修剪贵宾犬的脚部、面部、颈部和尾部，修剪方式与运动装相同。

（2）**修剪臀部**　以髋骨为中心，到尾巴根部的长度为半径，用彩色粉笔作一个大一点的圆形记号，设定好低绒球（也就是臀部两侧的绒球）的位置。需要注意的是，如果从背部到腰部的被毛厚度不足3～5cm，就无法作出低绒球。然后，在最后一根肋骨附近用直剪修剪一条假想线作为身体被毛和低绒球的分界线（大概在体长的2/3处）。除了绒球部分，其余全部剃光，要求露出皮肤。

（3）**修剪臀部两边的绒球** 将臀部的毛发向上向外梳，尽量提高，顺着毛发修剪使绒球显得更圆，然后修剪顶部使其如盖状。先剪出弧形轮廓，每次只剪一点。确定了正确形状后，再润色毛发，使其更圆滑，两侧绒球大小、形状要一致。毛球顶部不要太高，毛发太高会显得背部短。

（4）**修剪肛门** 将肛门周围的毛全部剃光，露出生殖器。

（5）**修剪后肢** 后肢胫骨远端1/3的被毛留下，其余部位全部剃光。

（6）**修剪腿部毛球** 首先确定好前、后肢的毛球位置，前肢的毛球要配合后肢的毛球高度来决定位置。一般后肢毛球的位置在脚部以上至跗关节2～3cm处（胫骨远端1/3），前肢毛球的位置在脚部以上至桡骨远端1/3处。按照毛球的位置作一条假想线，然后沿着假想线将不需要的被毛剃掉，前肢修剪至肘部上方1cm处，前肢内侧要修剪至肘部。再用直剪将毛球修圆，前、后肢左右毛球的大小、高度要一致。

（7）**作刘海** 将两外眼角之间额头上的饰毛分出"半月状"，用橡皮筋扎起来。用美容梳的前端勾住橡皮筋向上拉，拉的程度由刘海的大小确定，刘海的大小要与吻部保持平衡。

（8）以两侧、颈部、背部的顺序进行梳理后，将前身的最后端的边缘修剪整齐、圆滑。

（9）用梳子梳理胸部的毛发，用电剪沿着肘部水平线进行修剪。

（10）用梳子将耳朵两侧的毛发向下梳理，在耳朵最下方剪齐。

（11）**修剪尾部球形** 尾部毛球的高度与耳朵高度相同。

（12）梳理前后身，修剪头顶、颈部、肩胛部的毛发，使被毛自然。

2.英国马鞍装

英国马鞍装与欧洲大陆装不同的是，后躯应修剪成类似马鞍的形状，后肢留两个毛球。修剪后，前肢有一个毛球，后肢上下两个毛球，尾巴的末梢修剪成绒球。

修剪过程如下。

（1）头部、脚部及胸腹部的修剪方法和欧洲大陆装相同。

（2）**后肢下部毛球位置** 在跗关节上方2～3cm的位置，向着脚部呈45°角用剪刀剪出一条标记线。

（3）**上部球装位置** 在膝关节上方与美容台成10°角处用剪刀剪出一条标记线。

（4）将两个毛球用直剪修圆。

（5）前身与马鞍的分界线大概在最后一根肋骨处（体长的2/3处），经过此分界线从背部至腹部分出一条线，使躯体分成两部分。

（6）**修剪腰部** 沿着上一步剪好的分界线，从侧面在腰窝附近，向后侧中央剃出一个"半月形"的腰带（大约在肾脏的体表投影位置）。腰的位置美容师可以根据犬的大小进行调节。通过对腰部的修剪，使这款英国马鞍装造型更加形象。

（7）用左手抬起犬的前肢，用电剪修剪腹部。

（8）在尾根处将背部臀部被毛修剪出一个倒"V"字形。

（9）完成马鞍修剪 用梳子将犬背部的毛发向前梳理，臀部的毛发向下梳理。站在犬的后方，将腰部、臀部及腹部的被毛用直剪修剪整齐、圆滑，修出马鞍状。对于矮小型犬，将腹部往上提起再修剪。

（10）将上部毛球修剪圆滑，从后面看上去，鞍部要比上部毛球小。

（11）下部球与地面成45°角，修剪呈圆形。

（12）修剪前肢的球要与后肢的下部的球对应，最好也剪出一条分界线。从这条线以上，一直用电剪剪到肘部前面1cm处，内侧一直剪到肘部。分界线以下，一直到脚部修剪成毛球状。

（13）用直剪修剪前身与鞍部的界线位置，将颈部、背部毛发修剪自然。

（14）其余部分修剪与欧洲大陆装相同。

V 比熊犬的修剪造型

准备工作

1. 准备电剪、10#刀头、直剪、牙剪、美容梳等工具。
2. 给比熊犬洗完澡后，边梳边吹，使被毛蓬松。
3. 用10#电剪刀头将脚底毛剃干净。
4. 用10#电剪刀头将腹毛和肛门周围的毛剃干净。

操作方法

1. 操作步骤

（1）用牙剪剪短肛门下方的毛以及尾根的毛。

（2）用直剪将尾巴饰毛修剪成与背线只有2cm的距离。

（3）在尾根上方用直剪倾斜约45°修剪出一个斜面，以尾根为中心将臀部修剪得浑圆（图3-5-1）。

（4）从臀部到背部水平修剪出一条背线（图3-5-2）。

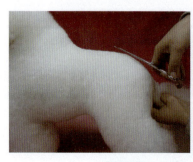

图3-5-1 修剪臀部

图3-5-2 修剪背线

关键技术三　宠物犬的修剪造型

（5）以背线为基准，从臀部向后肢呈弧形过渡修剪，后肢与臀部的毛发要形成浑然一体的感觉（图3-5-3）。提起犬脚将脚边修理整齐，放下后再做修整（图3-5-4）。用直剪修剪两后肢的杂毛，将飞节处修剪得有角度感（图3-5-5）。

图3-5-3　修剪后肢

图3-5-4　修剪脚边

（6）用直剪从臀部和背线过渡到腰部，在稍微靠前的部分修剪出腰线（图3-5-6），这样使犬的腰部显得细一点。

（7）腹部的毛发剪成圆形（图3-5-7），使侧腹部与正腹部自然衔接，腹线稍微高一些，修成前高后低的形状（图3-5-8）。胸部至腹部的部分剪成圆瓶形，注意胸腹部的衔接。

图3-5-5　修剪后肢飞节

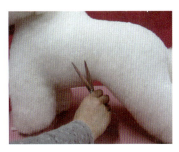
图3-5-6　修剪腰线

（8）将比熊犬的头部修剪成圆形（图3-5-9）。把眼睛周围的毛修剪整齐，将

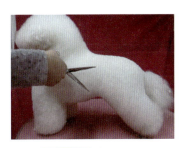
图3-5-7　修剪腹部

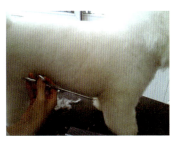
图3-5-8　腹修剪线

眼睛露出，修成陷入饰毛中的形状。从嘴巴至下颌的毛修剪成弧形，但下颌的毛要剪得较短。从鼻子至眼睛的毛发，左右分成两半后，与胡须一起向下修剪，鼻尖上多余毛发可以剪掉。

（9）将犬颈部拉直，从头部到肩部和背部直线过渡，与背线融合（图3-5-10）。

（10）从下颌过渡到前胸，将前胸的毛发剪得很短，与胸部衔接，剪后胸部至腹部呈曲线（图3-5-11）。

（11）从肩至前肢外侧以直线向下修剪，将胸部被毛修剪圆润（图3-5-12）。前肢从肩部过渡，修成圆柱形，足部修剪至能看到脚趾的程度。在胸部与前肢的交接处修剪出曲线，这样使腿看起来修长一些（图3-5-13）。

修剪前额

修剪眼睛周围的饰毛

头顶饰毛修成圆形

耳朵与头部饰毛一体

将下颌修圆

头部整体修圆

图3-5-9 比熊犬头部的修剪

图3-5-10 从头部与颈部的衔接

图3-5-11 修剪胸部

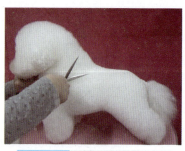
图3-5-12 由肩部向前肢过渡

图3-5-13 前肢修剪

2. 修剪整形

修整全身被毛，使比熊犬整体造型浑圆、利落、可爱（图3-5-14）。

注意事项

1. 比熊犬的被毛浓密、柔软，所以刷毛或梳理时应使用密齿梳。

2. 头部修剪时要注意突出头部圆形的特点，耳朵与头部饰毛应浑然一体，眼睛陷入饰毛中。

3. 四肢圆柱的修剪要注意角度。

4. 在修剪腹部和腹线时，要在犬正常站立时进行，并注意左右对称。

5. 使用正确的保定方法，保持修剪好的造型。

图3-5-14　修剪整形

参考资料　比熊犬品种简介

比熊犬（图3-5-15）名字起源于法文"Bichon Frise"，"Bichon"是可爱或小宝贝的意思，"Frise"是卷毛的意思。该犬又称为法国拜康犬、小短鼻卷毛犬。

1. 起源

原产于非洲西北加利亚群岛，原名为巴比熊犬，后缩为比熊犬。16世纪中叶由原来的中型犬改良为现在的小型犬，深受上层社会贵妇的喜爱。

2. 外貌特征

（1）体型　体高20～30cm，体重3～5kg。体长比体高多出大约1/4。胸深大约为体高的1/2。体质紧凑，骨量中等，既不粗糙，也不纤细。

（2）头部　头与身体比例匀称，头盖较平坦，但顶毛部分较圆。头盖比口吻长，口吻粗细适中。鼻突黑色，牙齿呈剪状咬合。眼睛稍圆而不突出，呈黑色或深褐色，正对前方。眼睛周围有黑色或深褐色皮肤环绕（眼圈）。眼圈本身必须是黑色。耳朵下垂，隐藏在长而流动的毛发中，耳郭的长度能延伸到口吻的中间。耳朵的位置略高于眼睛所在的水平线，并且位置比较靠前。

图3-5-15　比熊犬

（3）颈部、背线、躯干　颈长约为体长的1/3，昂起，平滑地融入肩胛。背线水平，腰部直、肌肉发达。胸部相当发达，宽度能允许前肢自由而无拘束地运动，胸部最低点至少能延伸到肘部，前胸非常明显，且比肩关节略向前突出一点。下腹曲线适度上提。前肢前臂和腕部既不能呈弓形，也不弯曲，后肢适度弯曲，从飞节到足部完全垂直于地面。足部紧而圆，猫型趾，脚垫为黑色。

（4）**尾部** 尾巴的位置与背线齐平，温和地卷在背后，所以尾巴上的毛发靠在背后。

（5）**被毛** 底毛柔软而浓厚，外层被毛粗硬且卷曲，富有弹性。经过沐浴和刷拭后，被毛站立在身躯上，蓬松、有立体感。颜色为白色，在耳朵周围或身躯上有浅黄色、奶酪色或杏色阴影。

（6）**步态** 小跑的动作舒展、准确而轻松。从侧面观察，前腿和后腿的伸展动作相互协调，前躯伸展轻松，后肢驱动有力，背线保持稳固。运动中，头部和颈部略微竖立，随着速度增加，四肢有向身躯中心线聚拢的趋向。离去时，后腿间保持中等距离，可以看见脚垫。

3. 缺陷

过大或过分突出的眼睛、杏仁状的眼睛及歪斜的眼睛都属于缺陷。尾巴位置低、尾巴举到与后背垂直的位置或尾巴向后下垂都属于严重缺陷，螺旋状的尾巴属于非常严重的缺陷。成熟个体身上白色以外的颜色超过被毛总数的10%就属于缺陷，但幼犬身体上出现浅黄色、奶酪色或杏色等允许的颜色则不属于缺陷。

4. 特性

温和而守规矩，很容易满足，敏感、顽皮、愉快的性格是这个品种的特点。卷在背后的尾巴和好奇的眼神能体现出其欢快的气质。

Ⅵ 可卡犬的修剪造型

准备工作

1. 准备排梳、针梳、钉耙梳、毛刷、浴液、护毛素、吹风机、配刀头电剪（7#刀头、10#刀头、15#刀头、30#刀头或40#刀头）、直剪、牙剪等工具。

2. 给美国可卡犬梳理被毛、洗澡、卫生清理（重点清理耳道）。

3. 剃脚底毛和腹毛。

操作方法

1. 电剪修剪

（1）**修剪面部** 用10#刀头，逆毛从耳根剃到外眼角，从外眼角剃到上额末端（图3-6-1），从额段剃到鼻尖（图3-6-2），此范围内都剃干净，包括嘴周边的毛（图3-6-3），边缘剃线要呈直线。

图3-6-1 面部的修剪

关键技术三　宠物犬的修剪造型

图3-6-2　额段的修剪

图3-6-3　剃嘴周围的毛

（2）**修剪颈部**　用10#刀头，从外耳根向下沿直线剃至胸骨上2指处，再逆毛剃至下颌末端。喉部要抬起下颚，逆毛剃至下巴；颈部侧面的被毛顺毛生长方向剃（图3-6-4）。

（3）**修剪头顶**　用10#刀头，顺毛生长方向修剪，从头顶最高点即头顶1/2处向后剃至枕骨（图3-6-5）。头顶前端1/2处在眉毛上留一小部分头花（图3-6-6）。英国可卡犬不需留头花，要求将头部饰毛全部剃掉。

图3-6-4　颈部的修剪

图3-6-5　从头顶剃至枕骨

图3-6-6　头顶前端留头花

（4）**修剪耳部**　用15#刀头，从耳根顺毛向耳尖方向剃至耳朵的1/3～1/2处。耳朵内侧和外侧要剃至相同的位置（图3-6-7和图3-6-8）。

图3-6-7　耳朵内侧的修剪

图3-6-8　耳朵外侧的修剪

（5）**修剪身体**　换7#刀头，从枕骨处顺毛生长方向剃到尾尖（图3-6-9）。枕骨侧面顺毛剃，前腿剃到腕骨近端，后腿剃到坐骨端，前胸至胸骨处。身体侧面顺毛生长方向沿躯体两侧向下剃。

可卡犬电剪修剪部分的运剪方向和修剪界线如图3-6-10和图3-6-11所示，图中虚线以上部分为电剪修剪部分，虚线为假想线。

图3-6-9 身体的修剪

图3-6-10 美国可卡犬的身体修剪示意

图3-6-11 英国可卡犬的身体修剪示意

2. 直剪修剪

（1）**四肢修剪** 把前肢的毛向下梳，修去超过脚垫的毛。在离桌面1～2cm处修剪脚圈。沿桌面剪刀倾斜45°逐层剪出弧形，足圆呈碗底状。把后肢的毛向下梳，后腿前方修剪斜线，修剪脚圈方法与前肢相同，呈碗底状（图3-6-12）。后肢修剪要与臀部相衔接（图3-6-13）。

（2）**腹部修剪** 把腹毛向下梳理，从前腿肘后开始向上修剪小斜线至腰部（图3-6-14）。

图3-6-12 四肢修剪

图3-6-13 后肢修剪　　图3-6-14 腹部修剪

3. 牙剪修剪

（1）**修剪全身**　用牙剪修整全身，使各部位衔接自然。将颈部与身体连接处多余的毛进行修剪，胸骨上2指处顺毛向下剪（图3-6-15）。将坐骨位置的毛发打薄，顺毛向下剪。将尾部后方的毛发修剪服帖，尾巴剪成圆柱状。

（2）**修剪头饰**　头盖骨底端顺毛打薄。将头部毛向后梳理，从头顶向外耳根修剪弧线。从一个外眼角向另一个外眼角修剪弧线（图3-6-16）。

图3-6-15　用牙剪修剪全身

图3-6-16　修剪头饰

（3）**修剪耳部**　将耳部饰毛向下梳理，将耳朵边缘饰毛修剪成圆弧状，令毛发自然结合（图3-6-17）。

图3-6-17　修剪耳部

4. 整体造型

整体造型要表现得活泼、欢快、利落、可爱、温和、热情。

1. 使用电剪修剪头部、面部、颈部、腹部时选用10#刀头剃毛，耳部选用15#刀头，身

体选用7#刀头，脚底选择40#刀头或30#刀头。剃毛时也可使用多功能电剪。

2. 用电剪进行颈部修剪时，喉结以下要顺毛剃，喉结以上逆毛剃。

3. 脚底毛修剪时一定要先剃干净，因为这里是犬主要的汗腺分泌处之一。

4. 下颌的嘴角部位有些许褶皱，这里的毛发往往是在美容时容易被忽视的，所以一定要剃干净。

5. 肛门周围的毛发也要修干净。

参考资料

可卡犬是目前比较流行的犬种之一，在世界范围内饲养分布比较广泛。按照起源和外形的不同，可将其分为英国可卡犬和美国可卡犬两种。因该犬善于捕猎山雉，故称Cocker（猎雉犬），它又擅长惊起或寻回鸟类等猎物，故最初名为Spaniel（长毛猎犬）。一般常说的可卡犬指的是美国可卡犬，简称"美卡"。

一、英国可卡犬的品种标准

1. 英国可卡犬的起源

图3-6-18 英国可卡犬

英国可卡犬（图3-6-18），又称英国曲架犬、确架獚、英国可卡猎鹬犬、英国斗鸡犬、英国可卡长毛猎犬等。原产于英国，来自于不同体形、类型、毛色和狩猎能力的多样化的西班牙猎犬家族。英国可卡犬具有狩猎山鹬的高超技巧，是已知的古老陆地猎犬犬种之一。

英国可卡犬是一种活泼、欢快的运动猎犬，热衷于野外工作。它性格平静、敏感而温驯，表情温和、聪明且威严、警惕。目前该犬种主要是作为家庭伴侣犬进行繁育，但在野外围猎中仍表现出色。

英国可卡犬一般身高在36～43cm，偏离此范围者即不符合标准，属缺陷犬种。英国可卡犬最理想体重为公犬12.70～15.42kg，母犬11.9～14.52kg；寿命一般12～15年，每窝产仔1只。

2. 英国可卡犬的身体结构

英国可卡犬体型匀称，拥有尽可能多的骨量，骨骼发达但不显矮壮。肩骨间隆起处是身躯的最高点；肩高略大于肩胛上缘到尾根的距离。

（1）头部 圆拱形脑袋，轮廓柔和，略显平坦，没有尖锐的棱角，整体外观结实但不粗糙。从侧面和正面观察轮廓，眉毛高出后脑不多；从上面观察，脑袋两侧的平面与口吻两侧的平面大致平行。面部清晰、大小适中、略有凹槽。

眼睛中等大小，丰满、略呈卵形；两眼间距宽阔；眼下方轮廓清晰；眼睑紧，瞬膜不明显，有色素沉积或没有色素沉积。除了肝色和带肝色的杂色犬只允许有榛色眼睛（榛色越深越好）外，其他颜色犬只眼睛为深褐色。

耳位低，贴头部悬挂，一般要求不高于眼睛较低部位的水平线。耳郭细腻，耳上附有大量美丽的丝质、长直或略呈波浪状、羽状的饰毛。鼻孔开阔、鼻镜为黑色，毛色为肝色、红色、带肝色或带红色的杂色犬只鼻镜颜色可以是褐色，比赛中以黑色为首选。

口吻适度丰满，与头长度大体一致，宽度与眼睛所在的位置一致。颌部结实，有运送猎物的能力。嘴唇四方形，不下垂，上唇不夸张。牙齿呈剪状咬合，钳状咬合方式也可以接受；上颚突出式或下颚突出式咬合方式均属于严重缺陷。

（2）**颈部、背线** 颈部优美、肌肉发达，长度适中，与犬只的高度及长度相平衡。向头方向显得圆拱且接合整洁，没有赘肉，下端入倾斜的肩胛中。

从颈部与肩胛的接合处到背线呈完美的平滑曲线。背线稍微向臀部倾斜，没有下陷或褶皱。背部短且结实；腰短且宽，有轻微的圆拱但不影响背线。

（3）**前躯** 胸深，可达肘部，向后逐渐向上倾斜；胸部发达，胸骨突出，略微超过肩胛与前肢的结合关节；宽度适中，肋骨支撑良好并逐渐向身躯中间撑起，后端略细。肩胛倾斜，肩胛骨平坦，与前肢宽度大致相等，且有足够的角度相连接，使犬只在自然状态站立时肘部正好位于肩胛骨的正下方。

（4）**四肢、后躯** 前肢直，肘部贴近身躯。后肢肌肉发达，第1节大腿宽且粗，能提供强大的驱动力；膝关节结实，有适度的弯曲；飞节到脚垫的距离短。四肢上下尺寸几乎相同。

后躯角度适中。臀部宽且圆，没有任何的陡峭。圆形足爪与腿部的比例恰当，站立稳固；脚趾圆拱、紧凑，似猫足；脚垫厚实。

尾巴与背线相平或略高，理想状态下保持水平，不竖立也不低垂；运动时尾部行动轻快；兴奋时尾巴会举高一些。一般断尾，仅留1/3。

3. 英国可卡犬的毛发

英国可卡犬的毛发质地为丝质。头部毛发短而纤细；身体上毛发长度适中，平坦或略呈波浪状；羽状饰毛较多，允许适当地去除多余毛发以展示其自然线条。毛发有多种颜色，在比赛中，按照AKC标准，一般将毛色分为纯色、杂色和棕色斑纹三类。

4. 英国可卡犬的步态

英国可卡犬速度快，步态强而有力，主要表现在强大的驱动力方面，力量胜于速度。肩胛和前肢的构造使它能很好地向前伸展，不用收缩步幅来平衡后躯产生的强大推动力。在角度适当的情况下，其关节可以轻松地覆盖地面，角度可向前和向后延伸。

在比赛中，站立等待检查和行走时，犬只的背线要保持一致；进场或离去时，行走路线要笔直,不偏斜、不横行或摇摆。在结构和步态都恰当的前提下,前腿和后腿要保持相当宽的距离。

二、美国可卡犬的品种标准

1. 美国可卡犬的起源

美国可卡犬(图3-6-19),又称可卡猎鹬犬、可卡猃、斗鸡猃、斗鸡犬、小猎犬、可卡长毛猎犬等。原产于美国,约在10世纪初被人从西班牙带到英国,变成英国变种,而后又被带到美国,经过不断地繁殖和改良而得。1946年,该犬被公认为新犬种,至今仍是美国流行犬种之一。

图3-6-19 美国可卡犬

2. 美国可卡犬的基本特征

美国可卡犬的外形和性情与英国可卡犬都极为相似,但体形相对小一些。身高一般公犬在36～40cm之间,母犬在34～38cm之间;体重约10～13kg。美国可卡犬的感情更加丰富,外形更加可爱甜美。体高与背长之比为10∶8.5,尾与肩胛保持同一高度。

眼睛呈深褐色、赤褐色、赤色或榛色,颜色越深越好。有黑色毛的犬只鼻镜为黑色,其他颜色犬只鼻镜可以是褐色、肝色或黑色,但颜色越深越好,且要与眼圈的颜色一致。上唇丰满且有足够的深度,能覆盖下颌。

3. 美国可卡犬的毛色

美国可卡犬被毛有黑色、褐色、红棕色、浅黄、银色以及黑白混合等多种颜色。在AKC比赛中对毛色要求相对严格,不是所有颜色都可以参加。

(1)黑色　全身毛色为纯黑色,包括黑色带有棕色点的。黑颜色要呈墨黑色,允许胸部和喉咙处有少量白色,若其他位置出现白色则属于失格。被毛上有褐色或肝色阴影则视为不理想。

(2)纯色　指毛色除了黑色以外的其他任何纯色,包括从浅奶酪色到暗红色,以及褐色或黑色带棕色点。颜色要求深浅一致,允许羽状饰毛处颜色稍浅,允许胸部和喉咙有少量白色。

(3)杂色　指毛色由两种或多种纯色组成,颜色边界清晰,并且其中一种必须是白色。一般常见的有黑色和白色、红色和白色(红色可以从浅奶酪色到暗红色)、褐色和白色、花斑色,以及这些颜色中带有棕色点的颜色。如果毛色的主要颜色占到整体的90%或更多者会失去纯种犬的资格。

(4)棕色点　棕色的颜色范围从浅奶酪色到暗红色,大小范围限制在整体的10%以内或更少。在黑色或ASCOB的毛色中,允许在两眼上方、口吻两侧和面颊处、耳朵下面、足爪和腿部或尾巴下方和胸部有整洁的棕色斑点出现。如果口吻部的棕色斑纹过分向上延伸，超过口吻顶部并结合在一起的，属于缺陷。棕色斑纹不容易被发现或只有一点痕迹的，就失去了纯种犬的资格。

信息窗

一、英国可卡犬与美国可卡犬的鉴别方法

1. 以AKC标准为判定依据进行比较

（1）**外形差别**

英国可卡犬肩高：雄性为40～43cm；雌性为38～40cm。

美国可卡犬肩高：雄性为38cm；雌性为36cm。

两个犬种除了身高差别，给人的整体感觉也不同。英国可卡犬的体型相对显得简洁朴实，而美国可卡犬则相对显得夸张华丽。

（2）**毛色差别**　在AKC比赛标准里对犬的毛色进行了详细的说明，尤其是美国可卡犬对毛色的分类相对要严格些。比赛中，美国可卡犬和其他少数的几种犬还拥有一个特权，即在同一个犬种中还要根据犬只的毛色差异再分成3个组别分别进行比赛。因此，在比赛中经常可以看到具有BOV头衔的3个不同毛色的美国可卡犬出现在同一组中，而英国可卡犬在比赛中则是独自上场。

2. 简易鉴别方法

（1）**看体型**　英国可卡犬体型稍大但并不蠢笨，强健而不粗糙。美国可卡犬体型小但并不柔弱，外形华丽。

（2）**看头部**　英国可卡犬有着适度大小的椭圆形眼睛、适度平坦的颅部、适度的额段、适度狭长的吻部、适度丰满的上唇、中规中矩。美国可卡犬则有一双更圆更大的眼睛、更浑圆的头盖、更深的额段、短而厚实的方形吻部、覆盖下颌的上唇，十分俏皮。

（3）**看鼻梁**　鼻梁是美国可卡犬与英国可卡犬最明显的区别。英国可卡犬是直鼻梁，显得毛短、头大；美国可卡犬则是弯鼻梁。通过观察鼻梁即可做出大致区分。

（4）**看被毛**　英国可卡犬饰毛适中，可以更清晰地观察其身体结构，基本上是小衣襟短打扮。美国可卡犬身体上，尤其是腿部饰毛非常丰富，仿佛穿了肥大的丝绒毛裤。

（5）**看尾部**　美国可卡犬的尾根比英国可卡犬略微高一点。

二、如何选购美国可卡犬

（1）体格要结实健壮，精神要饱满，双眼要明亮，色泽要深且端庄。

（2）外貌要优美，颈下、腿部、腹下、尾部下面的被毛要长而丰满，柔润、亮泽且平滑。

（3）对人的态度要友善可亲，能温顺地听从宠物主人的指挥，没有恶意或攻击行为。

（4）头部要圆且匀称，嘴略呈方形，吻部宽阔。

(5）眼睛要明亮、大而圆、炯炯有神，观看周边事物时眼睛转动灵活。

(6）双耳要像叶片般长而低垂，披有长而丰盛带波纹的羽状毛。

(7）躯干部要稳健坚挺、短而结实，脊背微呈水平。

(8）头部的被毛应短，两侧及脊背部的毛要长度中等，胸部、耳朵、腿部饰毛长如丝状。

(9）尽可能向卖方索取犬的谱系史资料以及卫生防疫检验证等证件。

VII 雪纳瑞犬的修剪造型

准备工作

1. 准备排梳、针梳、钉耙梳、毛刷、浴液、护毛素、吹水机、吹风机、配刀头电剪、直剪、牙剪等工具。

2. 梳理、洗澡、卫生清理。

3. 剃脚底毛和腹毛。

操作方法

1. 电剪修剪

（1）**修剪头部**　使用10#刀头，从眉骨顺毛剃到枕骨处，两侧剃到外眼角与上耳根连接处（图3-7-1）。

（2）**修剪面部**　使用10#刀头逆毛剃，从外眼角到耳根剃成一条直线，下耳根剃至胡须根部，外眼角到嘴角外剃成斜线（图3-7-2）。

（3）**修剪颈部**　使用10#刀头，从下耳根处顺毛向下剃直线到胸骨上2指，呈"V"字形；下颌逆毛剃至胡须边缘（图3-7-3）。

（4）**修剪耳部**　换15#刀头，从耳根处顺毛剃到耳尖。耳朵内侧从外耳根处顺毛剃到耳尖。用40#刀片对耳朵边缘进行修剪，使用电剪时应用手固定住耳朵（图3-7-4）。

 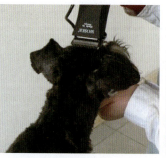 

图3-7-1　修剪头部

关键技术三 宠物犬的修剪造型

图3-7-2　修剪面部

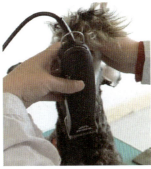

图3-7-3　修剪颈部

图3-7-4　修剪耳部

（5）修剪躯体　换7#刀头，从枕骨沿脊柱顺毛剃至尾尖（图3-7-5）。从胸骨顺毛剃至前肘后侧上1～2指，从前肘后侧依次向后剃斜线至腰窝，腰窝至后腿侧面剃斜线到飞节上2指或3指（图3-7-6）。

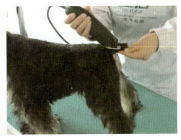

图3-7-5　修剪从枕骨到尾尖

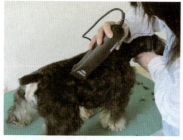

图3-7-6　修剪身体侧面

（6）**前胸修剪**　使用7#刀头，从胸骨上2指位置剃到胸底（图3-7-7）。

（7）**后躯修剪**　换10#刀头，肛门向上逆毛剃至尾尖，肛门向下剃至生殖器；坐骨顺毛剃直线到膝关节后方（图3-7-8）。

电剪修剪部分运剪方向和修剪方法示意图如图3-7-9所示。

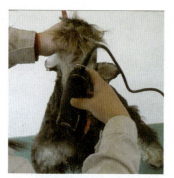
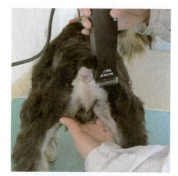

图3-7-7　修剪前胸　　　　　图3-7-8　修剪后躯

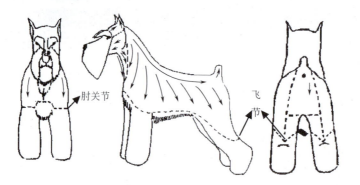

图3-7-9　电剪修剪部分示意

2. 直剪修剪

（1）**前躯修剪**　用梳子将胸部毛发挑起，从肘部向脚尖修剪直线，内侧修剪直线到桌面，肘后方修剪直线。将前腿修剪成上略细下略粗的"垒球棒"形。从腕关节到脚底部以直线方向修剪整齐，确认无游离的毛从关节或其他部位伸出，脚跟部不突出（图3-7-10）。

图3-7-10 修剪前躯

（2）**脚部修剪** 将剪刀端平修剪一圈。将脚圈与前肢衔接处修剪成圆形，与地面呈25°角，整体呈圆柱形（图3-7-11）。

图3-7-11 修剪脚部

（3）**腹部修剪** 将侧腹部毛发向下梳理，以肘下2.5～3cm修剪小斜线到腰部，腹底毛修平（保护犬乳头及生殖器）（图3-7-12）。

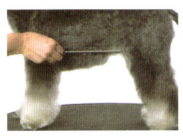

图3-7-12 修剪腹部

（4）**后躯修剪** 从后肢前方修剪斜线到脚尖。修饰后腿时要将膝盖上的毛发与跗关节上的毛发相融合，从膝关节向下到跗关节修成半圆形，后肢内侧修剪直线，飞节处要垂直于桌面，后脚跟与地面呈45°角（图3-7-13）。

图3-7-13　修剪后肢

（5）**耳部修剪**　从耳朵两侧的外耳根向耳尖修剪成直线。修剪耳边缘的小绒毛时，手指轻轻按住耳郭，用剪刀除去耳朵周围所有绒毛，小心附耳（图3-7-14）。

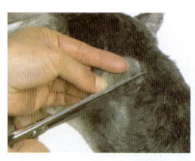
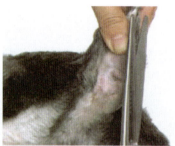

图3-7-14　修剪耳朵边缘

（6）**眉毛修剪**　掀起眉毛剪掉睫毛（根据宠物主人要求），将眉打薄；把剪刀卡在两眼角处剪掉挡住眼睛的杂毛，将眉毛与胡子分开；从前方将眉毛修剪呈月牙形（图3-7-15）。具体修剪方法如图3-7-16所示，修剪眼睛之间的毛发以形成分隔，要剪得干净、紧密，界限突出（A）。将眉毛向前梳，以鼻子为中心形成一条平行线，用剪子向前剪（B）。分别在外眼角处，剪尖对准鼻子中心交叉处剪，两次修剪处相交，形成一个倒立的"V"形，眉毛要与周围的短毛相融合（C、D）（图3-7-16）。

（7）**胡子修剪**　胡子向两侧梳齐，将鼻梁上的杂毛剪掉，将胡子修得略圆，但要保持胡子的长度；用剪刀沿直线将胡子剪成紧靠脸颊的矩形，不要动眼睛下部的毛，可以略微修剪不平整凌乱的胡须（图3-7-17）。

3. 牙剪修剪

（1）**颈部修剪**　将耳根下方电剪所剃位置用牙剪修剪整齐（图3-7-18）。

（2）**尾部修剪**　将坐骨下、尾部后方电剪修剪过的地方用牙剪修剪服帖（图3-7-19）。

（3）**头部修剪**　将电剪修剪后的头部毛发修剪整齐，从鼻梁中间向内眼角两侧修剪斜线；额段中心向头顶部修剪伏帖；将牙剪插入两眉心之间，修掉杂毛，使眉心一分为二；将眉毛向前梳直，稍修饰使眉形更加整齐、美观。

4. 整体造型

整体造型要表现出机警、勇敢、活力、友好、聪明、可爱、热情的特点。

关键技术三 宠物犬的修剪造型

图3-7-15 修整眉形

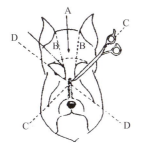

图3-7-16 眉毛修剪示意图

图3-7-17 胡子修剪示意图

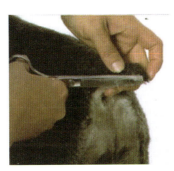
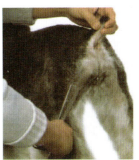

图3-7-18 修剪颈部　　　　　图3-7-19 修剪尾部

注意事项

1. 电剪修剪部分注意每一部门的修剪界限，按照要求更换刀头。

2. 电剪修剪部分要注意运剪方向，颈部和背部的毛要按毛的生长方向从背部开始，向左、向右顺序修剪。

3. 头顶、眼部及耳部的饰毛，要修得短且整齐。

4. 胡须要修剪得整齐，匀称美观。

5. 尾部过长的毛要适当修剪，但不能剪得太短。

6. 四肢内侧的毛要修剪整齐。

7. 电剪与直剪修剪部分要衔接自然。

参考资料

一、品种介绍

图3-7-20 雪纳瑞犬

雪纳瑞犬（图3-7-20）也称为史揉查狸，原产于德国，是狸犬中唯一一个不含有英国血统的品种。雪纳瑞的名字Schnauzer在德语中是"口吻"的意思。雪纳瑞犬的祖先具有贵宾犬和德国刚毛杜宾犬的血统，是一个活力充沛的犬种。

雪纳瑞犬按体型通常是分为三类：迷你型雪纳瑞犬（肩高一般在30～35cm，体重约7～8kg）、标准型雪纳瑞犬（肩高一般在43～51cm，体重一般在14～20kg）和巨型雪纳瑞犬（一般雄性肩高在64～70cm，雌性肩高在59～64cm；体重32～35kg）。像老头一样非常清晰的眉毛和胡须使它看起来有非常特殊的口吻，这是该犬种的主要特征。标准雪纳瑞犬的智商较高，乐于接受训练，天性合群，表情警觉，勇敢且极度忠诚，是温和的伴侣犬，通常能与老人、孩子融洽相处。

雪纳瑞犬属于刚毛长腿狸犬。它的表面被毛是双层毛，外层毛紧密、粗硬，呈金属丝状；底毛柔软而紧密，质地优良。按毛发纹理逆向观察，其毛发是向后方生长的，既不光滑也不平坦。口吻和眼睛上面的毛发相对较长一些，形成眉毛和胡须；腿上的毛发比身躯上的要长一些。雪纳瑞犬不同身体部位的被毛软硬程度也是不同的，一般分为绒毛和刚毛。绒毛主要分布在脸部和四肢及下腹部，刚毛主要分布在背部和颈部。幼年雪纳瑞犬全身覆盖绒毛，6个月大时长出刚毛。雪纳瑞犬在比赛中要求被毛长度不可小于1cm，且每一根被毛都要有毛尖。所以参赛犬只需要拔毛，不能用电剪进行修剪。如果是参赛犬，在赛前3个月左右需要进行拔毛。

雪纳瑞犬常见的毛色有黑色、黑白相间的灰色，还有黑色和银色相间的椒盐色。典型的毛色是椒盐色，它是黑色混合了白色毛发或白色镶黑色的毛发，呈现出不同深浅的椒盐色、铁灰色及银灰色。理想的黑色标准雪纳瑞是真正的纯色，没有混合任何肉眼可见的灰色、褐色或褪色、变色。

在雪纳瑞美容护理中应注意刚毛和绒毛要分开护理，使用不同的浴液，有条件的在第一次清洗后使用雪纳瑞犬专用的护发素进行保养。

二、雪纳瑞的身体结构

标准雪纳瑞犬给人整体感觉紧凑、结实，接合得简短而且坚固，拥有足够的适应性和敏捷度。从胸部到臀部的总长与肩部高度几乎相同，接近正方形，骨量充足。

（1）**头部** 标准雪纳瑞犬头部结构紧实、长、呈矩形；从耳朵开始经过眼睛到鼻镜稍稍变窄，整个头部的长度大约为后背长度的一半。面颊平坦，咬合肌发达，但不夸张。耳朵位置高，中等厚度，可向前折叠，内侧边缘靠近面颊；做了立耳术的犬，耳朵应该竖立呈倒"V"字形直立，两边耳朵大小和耳型相同，有耳尖，且与头部比例匀称，耳根于头盖骨上方。

眼睛属于中等大小，深褐色，呈卵形，在面部的正前方（从正面可以完整地看见眼睛）。全身被毛是刚毛。眉毛不能太长，否则会遮住眼睛影响视力。鼻子的鼻镜大，黑色且丰满。口吻结实，与脑袋平行，且长度与脑袋一致。口吻末端呈钝楔形，有夸张的刚毛胡须，使整个头部的外观呈矩形。口吻的轮廓线与脑袋的轮廓线平行。嘴唇黑色，紧实。面颊部咬合肌发达。一口完整的白牙齿，坚固，以完美的剪状咬合方式咬合。以上颚突出式或下颚突出式咬合的则视为失格。

（2）**颈背部** 标准雪纳瑞犬的颈部结实、直、中等粗细且长度适中。颈部与肩部接合简洁，呈现出优雅的弧线形。皮肤紧凑，恰到好处地包裹着喉咙，既没有褶皱，也没有赘肉。

标准雪纳瑞犬的背部结实腰部发育良好。背线不是绝对水平的，是从肩隆处的第1节脊椎开始到臀部（或尾根处）略微向下倾，并略呈弧形。腰部肌肉发达，在紧凑的身躯中尽可能地短。

（3）**体躯**

① 前躯 胸深，至少可以延伸至肘部，向后逐渐上收，与上提的腹部相连接。胸部中等宽度，肋骨扩张良好，如果观察横断面，应该呈卵型。肩部肌肉发达，肩膀平坦。肩胛骨稍倾斜，圆形的顶端正好与肘部处在同一垂直线上；向前倾斜的一端与前肢结合，从侧面观察应该尽可能呈直角。前肢笔直，被深深的胸部分开，垂直于地面。两腿适度分开，肘部紧贴身体，肘尖笔直指向后面。

② 后躯 后肢肌肉非常发达，与前肢保持恰当比例，但绝不能比肩部更高。大腿粗壮，膝关节角度合适。后肢大腿第1节倾斜，在膝关节处呈恰当的角度；大腿的第2节，即从膝盖到飞节这一段，要与颈部的延长线平行。脚腕（从飞节到足爪这一部分）短，与地面完全垂直。从后面观察时，各个脚腕彼此平行。足爪小、紧凑且圆，略呈拱形，似猫足，既不向内弯，也不向外翻。脚趾紧密，脚垫厚实；趾尖笔直向前；趾甲黑色、结实。

三、雪纳瑞犬的刮毛和拔毛

（1）**目的** 参赛的雪纳瑞犬为了确保其毛发的状态，需要进行刮毛和拔毛。如果用电剪修剪，会使被毛失去应有的色泽，质地变松软。

（2）**工具** 中等长度的拔毛刀。

（3）**面积范围** 电剪剃的部分就是需要刮毛和拔毛的区域。

（4）步骤

① 第1作业面上（图3-7-21），用梳子梳起少量的毛发靠在拔毛刀片上，左手抓住犬只被皮，右手紧捏住毛尾顺毛发生长的方向，用力连根拔掉。用同样的方法将此作业面上所有被毛拔掉，露出皮肤。第1作业面拔完的效果如图3-7-22所示。

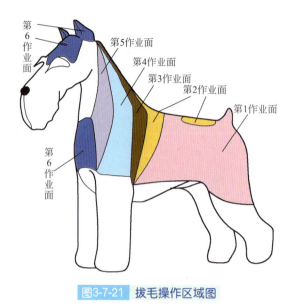

图3-7-21 拔毛操作区域图　　　图3-7-22 第1作业面效果图

② 在裸露的皮肤上涂上消毒药膏，并保持清洁。

③ 隔1周后拔第2作业面上的被毛，以此类推，将第3～第6作业面上的被毛拔掉，每个作业面间隔1周。一般拔毛分4周次完成，拔毛后经过8周的生长长度即可达到比赛的标准长度。不可将毛发缠绕手上用力向上拽，这样会损伤毛发。

④ 拔毛完成后4～5周，底部细绒毛长出，此时要耐心地将长出的底毛拔光，留下贴紧皮肤的粗毛，即是期待中的刚毛，此时拔毛步骤完成。

⑤ 刚毛长出后，分别使用粗、细齿的刮毛刀适度地刮细毛，每周1次。背部用粗齿的刮刀顺毛刮过，细齿刮刀于颈、头部刮掉不伏贴的细毛。

⑥ 处理完新长出的底毛后，刚毛将随后长出，此时不要清洗犬的被毛。普通的宠物浴液和水会破坏掉刚毛的硬度。因此，洗澡时只洗犬的脸部、四肢及腹部等部位。刚长出刚毛必须清洗时，只能使用狸类犬专用的"刚毛"洗毛精。

Ⅷ 西高地白狸犬的修剪造型

准备工作

1. 准备电剪、直剪、牙剪、美容梳、毛发定型液、美容台等工具。

2. 用10#电剪刀头将脚底毛剃干净。

3. 用10#电剪刀头将腹毛剃干净，公犬剃成倒"V"形，母犬剃成倒"U"形。

操作方法

1. 修剪步骤

（1）将肛门周围的毛用直剪剪干净。

（2）用10#电剪剃耳朵的饰毛，剃耳尖1/4处，注意要剃内外两面。

（3）用直剪把耳尖边缘修剪整齐。

（4）从枕骨开始，用4#电剪顺毛剃到尾根，再从枕骨侧面顺毛剃到肘部，再从身体侧面顺毛剃到肘上1cm，依次向后，剃到腰腹连接最高处，以弧斜线剃到坐骨。

（5）用4#电剪从喉结向下剃到胸骨和上腕骨位置（呈三角形），从耳根到喉部逆毛剃。

（6）将头顶的毛向上梳起来，用直剪修圆，头部以额段为界分上下两部分，这两个1/2可以相等，也可以上1/2稍稍大于下1/2。从喉结到嘴尖修剪成一个平面，从喉结到后耳根修圆，从喉结到枕骨修圆，圆弧顶点与外耳根边缘平齐。

（7）将鼻子上的毛向两边平分开，剪去内眼角的毛。用牙剪修剪鼻两侧的毛，与脸部到耳根处的毛自然连接。

（8）枕骨处用牙剪自然连接过渡，要使颈部看起来粗壮，并能与头部和身躯结合良好。

（9）让犬自然站立，把前腿的毛顺毛挑起，修剪杂毛，修成圆柱形。

（10）让犬自然站立，把后腿的毛顺毛挑起，修剪杂毛。飞节以上修一条斜线到腰和后腿的连接处，腰和后腿连接处修成圆弧，要修得流畅圆滑。飞节以下修圆柱，腿外侧修剪为一个平面，腿内侧只修杂毛，不可修剪过渡成"O"形。

（11）前后肢的毛顺毛梳，用直剪修剪足圆。

（12）腹线不可以拖地，多的、过长的毛要拔掉，然后修剪整齐成一条斜线，并与后肢的膝盖线自然连接。

（13）拉起前肢，将胸底部的长毛向下梳整齐，用直剪做胸部与腹部的过渡修剪。

（14）用牙剪再从上腕骨向上腕骨末端打薄剪短，把胸口上方的参差不齐的毛向下修剪。

（15）用牙剪修理电剪修剪的边缘，使之自然连接，前躯与后躯、两腿侧面应为直线。

（16）修剪尾部时，尾部背侧部要留出足够的毛量，侧面和尾尖部比背部要修剪得短一些，用剪刀把尾尖修剪得又尖又细，使尾巴从尾根至尾尖逐渐变细。

（17）整体观察，保证左右对称，各部位修剪的比例适合。

2. 整体造型

整体看西高地白㹴犬的背部修剪得修长，尾巴修剪得高翘，头部呈圆形，前肢为圆筒，后肢显得粗壮有力，各部位比例合适（图3-8-1）。

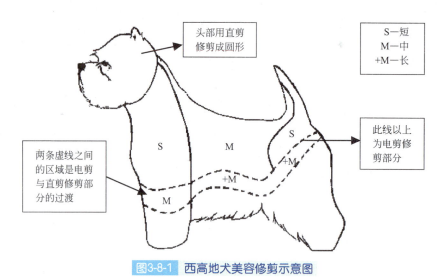

图3-8-1 西高地犬美容修剪示意图

注意事项

1. 修剪西高地白㹴犬的头部时，头部以额段分上下两部分，这两个1/2可以相等，也可以上1/2稍稍大于下1/2。
2. 整体的流线型，用刮刀或牙剪衔接。

参考资料

一、西高地白㹴犬的品种标准

1. 品种介绍

图3-8-2 西高地白㹴

西高地白㹴（图3-8-2）和苏格兰㹴、凯安㹴、短脚长身㹴种是同一个祖先。是用来捕获水獭、狐狸、老鼠的狗。19世纪时，与亚盖尔州波塔洛克周围的白毛犬进行配种，改良而成了现在的相貌。现存的手写资料和图画说明，这种犬的历史最远都可以追溯到17世纪。在1839年，Edwin Landseer爵士画了一幅现在很著名的画，名字叫做《尊严和轻率》。在这幅画里，有只西高地白㹴和它主人的一只猎犬靠在一起，躺在一个窝里，眼睛望着外边。1904年10月，在爱丁堡举行的苏格兰犬场俱乐部犬展上，正式有了西高地白㹴这个分类，并于1906年加入了在纽约的西敏寺犬场俱乐部。直到1909年，该犬种的名字才改为西部高地白㹴，并且得到了AKC的承认。

2. 外貌特征

（1）**体型**　体高26～28cm，体重约6kg。体长略小于体高，身体紧凑、平衡、骨量充足。

（2）**头部**　头颅宽、比口吻略长，两耳间头顶略呈圆拱形，向眼睛方向逐渐变细。从前面看，头部呈圆形，与身躯比例协调。眼睛中等大小，杏仁状，深褐色，两眼距离大，位置深，眼圈呈黑色。耳朵小，紧紧地竖立着，彼此间距离比较宽，位于头顶两侧的边缘。耳朵末梢很尖，决不允许剪耳。耳朵上的毛发需要修剪，使其柔软、平滑一些，耳朵末梢留有璎珞，黑色皮肤比较理想。口吻钝，比头颅略短，有力且向鼻镜方向轻微变细。鼻镜大而黑，颌部平而有力。嘴唇黑色，牙齿为剪状咬合或钳状咬合。

（3）**颈部、背线、躯干**　颈部肌肉发达，略倾斜，长度与其他部分比例恰当。背线平坦、水平，身躯紧凑而且结实。肋骨深，上半部肋骨支撑良好，深度至少达到肘部，显示出平坦的外观。后部肋骨也相当深，最后一根肋骨到后腿的距离很短，使身躯能自由运动。胸非常深，扩展到肘部，其宽度与整个身体呈恰当的比例。腰部短、宽而结实。前肢肌肉发达，骨骼粗壮，相对较短，但有足够的长度使身体不至于太靠近地面。腿直，覆盖着浓密的、短短的、坚硬的毛发。从肘部到肩部最高点与从肘部到地面的距离大致相等。前足爪比后足爪大，圆形，比例恰当，结实，脚垫厚实，呈轻微外"八"字。狼趾可以切除。黑色的脚垫和趾甲比较理想。大腿肌肉非常发达，角度恰当，距离不太宽，飞节骨量充足且短，从后面观察，彼此平行。

（4）**尾部**　尾根的位置很高，尾巴较短，骨量充足，形状像胡萝卜。站立时，尾巴竖立，但不高于头顶的水平线。尾巴被坚硬的毛发所覆盖，没有饰毛。并且尽可能直立欢快地举着，不能卷曲在背后，不需要断尾。

（5）**被毛**　有两层被毛。头部的毛发构成了头部圆形的外观。外层被毛由直而硬的白色毛发组成，约5cm长，颈部和肩部的毛发短一些，经过修整，短毛区域与长毛的肚子及腿部完美地融合为一体。理想的被毛是坚硬、笔直的白色毛发，并且坚硬笔直的小麦色毛发比白色蓬松的或柔软的毛发更可取。

（6）**步态**　自由、笔直且从容。非常独特的步态，不做作，但有力，伸展和驱动都很好。前肢能自由地伸展，两腿略向中心靠拢。后肢的动作自由、强壮且适当靠近。飞节收缩自如，靠近身体下方，所以足爪移动时身躯被推向前。

3. 性格与特性

具有良好的艺术气质，非常自负，个性友善、活泼、爱玩，但在陌生人接近时会激烈地吠叫，区域性极强且具攻击性，过于胆怯或过于好斗是其性格缺陷。训练困难，有乱咬挖地的倾向，饲养时最好有庭院。

二、西高地白㹴犬的赛级造型

1. 造型工具

分界梳、排梳、粉刷、两把圆头拔毛刀、断毛刀、上粉霜、粉、直剪、针梳、牙剪。

2. 操作步骤

（1）先用断毛刀切断从喉结到胸骨上1指处的刚毛，留毛密度20%，可见毛下粉红色皮肤。

（2）前胸、两腿外侧和身体两侧的毛是从圆头的下沿到肘关节上1指处连线的平行线，做完后会有前胸有饰毛的感觉。

（3）从肘上1指到腰腹最高点，再到坐骨，用刀把全身毛刮薄到40%的厚度。

（4）颈后用刮毛刀从枕骨向下，侧面从耳根向下进行刮毛。

（5）用手指挑出超长的刚毛，并用拔毛刀拔除，不仅可以使超长刚毛得以拔除，也可减小刚毛密度。

（6）沿身体侧面和毛发生长方向继续往后拔，拔完一部分毛发就要用针梳梳理，以检查拔后的效果，并从中找出新的超长刚毛。

（7）用针梳梳理背线后，仔细观察哪里有凹陷和弓起，采用凹陷片留底毛、弓起处刮底毛的方式处理。

（8）用针梳反向梳理背部刚毛，使滋生出的长毛显露，用手指挑出长毛，用拔毛刀彻底拔除挑出的长毛。形成一个边拔边梳理的循环，直到背部刚毛伏贴，留毛长度合适。

（9）用拔毛刀拔掉坐骨处多余的毛发，使坐骨角度显现并利于美观。

（10）反复检查背线，有滋生出的长毛即用拔毛刀拔掉。

（11）用直剪沿尾部外沿及尾毛生长方向剪出胡萝卜状。

（12）尾部上面卷曲毛发，用直剪沿毛发生长方向剪短，至与合适长度毛发平齐，将尾巴修剪成上尖下粗的形状，细致之处用牙剪弥补。

（13）用直剪剪掉后脚周围的长毛，修剪足圆。

（14）用电剪剃掉耳朵上1/3的内外两侧的毛，用直剪把边缘修剪整齐。

（15）打开粉霜的盖子，大致按刷牙用牙膏的量挤到手掌上，开始上粉霜。上完后用针梳仔细梳理，使粉霜覆盖到每一处。

（16）用粉刷均匀地打粉上粉。打完粉后，提起少量的毛发，用分界梳逆毛向下推毛至毛根，这样毛就会立起来，之后用钢丝梳把毛发向上梳理均匀。

（17）一只手稳定犬的头部，另一只手持牙剪剪短眼角处的毛发，使眼睛清晰可见。

（18）稳定住犬的头部，用直剪在犬的喉结部修剪成一直线。

（19）用直剪修剪犬头部侧面轮廓，从喉结到后耳根修圆，从喉结到枕骨修圆。

（20）最后观察整体修剪情况，有修剪不到的地方要进行再次修剪。

信息窗 常见大型犬的修剪造型

一、金毛犬修剪造型

金毛犬美容的主要地方是身体、头部、颈部、耳朵、腿部、脚、尾巴等。在日常的护理时，要经常对犬的被毛作刮毛或用青石打磨处理。为了让犬的毛发更顺滑、伏帖，洗浴时要选择正确的浴液，吹风的时候要顺毛吹干。

修剪身体时，金毛犬身体的背线标准是毛发平顺，要选择刮毛刀、青石和牙剪来修剪。把身体的被毛用刮毛刀刮顺平，如果有特殊的毛发，刮毛刀不能起到很好的作用，可以选择牙剪。身体毛发基本顺滑后，可以用青石打磨，这是日常工作的一部分。修剪头部时，主要是处理头顶、头与耳根的衔接处和修剪胡子。金毛犬的头部，从枕骨向额段方向通常会出现高突的一条线，或者会头顶不平，这就需要处理头顶的饰毛，可选用刮毛刀或青石操作，尽量把头顶做得平坦些，一定要避免把毛刮得太秃或刮出坑。如果用青石能够把头顶打磨平坦，就不要用刮毛刀，因为刮毛刀刮下的毛太多，有时掌握不好尺度会使头顶更加不平整。把耳朵自然上提，用牙剪从耳孔向下到颈部用牙剪修薄，位置不超过嘴角的延长线（头部水平时），之后与颈部侧面的毛衔接好。修剪耳朵的时候，首先要处理耳朵的内侧和外侧，没有修剪过的耳朵内外都会有大量的饰毛，给人感觉耳朵鼓鼓的，还很杂乱。内、外侧处理的方法大概一致，一般先用刮毛刀把内侧刮薄，并需要把长毛割断，再刮外侧的毛，注意要刮得自然平顺。再用牙剪修剪耳朵的边缘，耳朵修剪的形状像心形，耳朵向前拉扯，长度应刚刚盖上眼睛为宜，不能太大太长。注意金毛犬的耳朵很厚，修剪边缘时，要注意内外边缘的收圆。前肢的修剪要用牙剪完成，前肢的后侧会有很多饰毛，需要打薄些，不然显得前肢太重。前侧修剪一般是弥补前肢不直，前肢前侧的饰毛很少很薄，在修剪时要注意不要修得过多过薄。金毛犬的脚要修剪成猫足。首先最好要把趾甲断掉，这样作出来的猫足更漂亮，先用钢丝梳逆毛梳，把毛打蓬后，用牙剪修剪，从肉垫向足的上方作饱满的、向前突的圆，作好后剪刀立起，把指缝隐约地做出。用牙剪将尾巴修剪成菜刀形，长度不超过飞节，金毛犬的尾根尽量是与背线平行在一条直线上。尾根上部用刮毛刀和牙剪修剪平顺，左右和下部约2cm处修剪短些，修剪完后要与菜刀形的饰毛自然衔接。修剪菜刀尾巴，尾尖处不要修得太长，也不要太短，尽量在飞节处，并要注意不要剪得太秃。修剪臀部时，从下尾根和尾根的侧面向下，用牙剪修剪顺平即可。后肢飞节下用钢丝梳逆毛梳起，修剪一直线，从侧面看是一直线，从后面看是个饱满的圆柱。最后，整体要用刮毛刀将修剪的各部位自然衔接。

二、大白熊犬的修剪造型

大白熊犬的内层毛发丰盈，纹理细腻，通体雪白。毛发如一贴身棉袄，使大白熊犬能抵御恶劣的天气。外层毛厚密平实，毛垂直或稍有波浪。

修剪大白熊犬的头部是主要是刮平头部，去掉硬毛茬儿，不要只是咔嚓咔嚓地剪，而应把每一根硬毛都要从根部剪下。有趣的是，大白熊犬同海豹一样的硬毛茬儿可前后移动，只要将大拇指伸到它嘴唇内侧就可以感觉到。把耳朵上部细微绒毛刮薄一些，更能突出头部轮廓，梳理、修剪、再梳理，直到整个耳朵平整光滑为止。切忌用剪刀生硬地剪短。所有这些操作都会使位置过高的耳朵看上去低缓一些。前额毛发连同眉毛在内均需刮

薄，并形成一个自然柔和的坡度。修剪背部时，如果想使犬的背部看上去短小一些，尾巴基部的绒毛就需削薄。对于参展犬而言，臀部的毛发不能直立，所以可以在犬臀部压一块厚毛巾，上场前再拿掉，就可以使这部分被毛伏贴一些。反向梳理背部毛，可使大白熊犬看上去更高、更加挺拔，最后再通梳周身毛发。臀部的毛也要削薄，使其体线平和柔顺。先通梳臀部被毛，掀开外层较长的毛，用薄片剪刀处理，一次处理一小绺。尾巴上的毛要梳通，沿尾骨小心梳理，尾巴上下两侧都要整理。上面修理完毕，把尾巴翻过来处理下面，这样，多毛的尾巴才显得匀称。

注意：在修剪的过程中，要一边检查整体效果一边修剪。

三、英国古代牧羊犬的修剪造型

英国古代牧羊犬有丰盛的毛发，内层毛很容易粘连，易形成毛球，要时常梳理，定期做专业性的美容。六七个月以下的幼犬平常刷刷被毛即可；7个月～1岁的幼犬有些部位会积聚粘发、毛球，需要通梳，每日需进行必要的检查；2～3岁的成年犬，可以每周进行1次彻底的美容。

英国古代牧羊犬头顶的被毛披散下来会像拉萨犬那样掩盖眼睛。脚部修剪出平整、圆滑的边缘，梳子用来作最好的收尾工作。臀部用剪刀或薄片剪毛刀刮出圆润的线条，但要注意，要走到远处看看效果，不要急于下手。修剪脚垫之间和后脚跟的毛发，以免显得脚部张开过大，不能形成整洁圆润的四肢。腿部应是笔直的圆柱状，要对影响线条流畅的被毛进行修理。对于那些被毛过于丰厚的犬，若肩部毛发直垂下来让脖子显得太短、肩膀太胖时，肩部的长毛也要适当修剪。赛级美容时，应少用直剪，可用打薄剪将飞节以下的毛发修薄，从长毛的根部开始往上修，从而修短毛发，让上部的毛发看起来更长，轮廓更鲜明。

四、寻血猎犬的修剪造型

用钝头剪刀或10#电剪剪除胡须。如果尖顶并不美观，用牙剪仔细修剪头顶。一定要确保耳后干净。在修剪腹部时，要突出其很高的肋骨，因此一般不修剪腹部的毛发。但如果腹部的毛发较长且蓬乱，应修剪整齐。尾部一般将杂乱的飞毛修剪掉即可。

五、苏格兰牧羊犬的修剪造型

苏格兰牧羊犬是一种柔韧、结实、积极、活泼的品种，不需要过多修剪。自然站立时，被毛整齐而稳固，外层披毛直、触觉粗硬、底毛柔软、浓厚、紧贴身体，以致分开毛发都很难看见皮肤。

由于苏格兰牧羊犬鬃毛和饰毛的毛发都非常丰富，所以每天都要用鬃梳顺毛方向梳理被毛，同样是从脚开始往上梳，一层层地向上梳理。然后梳理胸口的毛直到下巴、身体两侧和背。在修剪时，一般先修剪屁股上的毛，特别是肛门周围的长毛要纵向修剪一点。背部的被毛梳理通顺后，只修剪飞毛即可，如果屁股的毛过于丰厚，看起来不协调，还需要打薄一些。注意一定要纵向修剪。四肢只修飞毛，使被毛平顺。对耳朵里面的杂毛要修剪，如果有影响眼睛的毛也要处理掉。对于参加比赛的狗，耳朵后面杂乱的毛也要剪。

六、哈士奇的修剪造型

哈士奇属于典型的双层毛发品种。下层毛柔软、浓密、长度足以支撑外层被毛。外层的粗毛平直、光滑伏贴、不粗糙、不能直立。应该指出的是，换毛期没有下层被毛是正常的。

宠物级的哈士奇在修剪时可以修剪胡须、脚趾间以及脚周围的毛，以使外表看起来更整洁。其他部位的毛是不必修剪的。

哈士奇进行赛场美容时，首先用速效清洁剂将脚上或是身上弄脏的部分清洁一下。先挤出几团高保湿摩丝，抹在被毛上，一边吹风一边梳理。将毛发增量膏取出一些（大概用手指挖2～3次够一只成年哈士奇使用）置于喷雾器内，对水后喷洒于全身，一直喷到毛发都充分湿润，然后一边梳理一边吹干。用一块小毛巾，蘸取少量犬用遮瑕膏，抹在四个脚上的白毛部位、肘部的磨损处和其他有瑕疵的部位，并轻轻擦一下，让遮瑕膏均匀覆盖。记得要用毛巾来涂抹，而不用手指。用手指取少量造型粉底双效膏（造型剂），双手均匀搓揉后抹在四肢上，作为粉底膏，便于接下来打粉时可以牢牢粘住粉，不会让打上去的粉四散。添光粉末是一款含有闪光粒子的粉，与普通粉不同。用粉刷将添光粉打在四肢抹过造型剂的部分，以及尾巴下和身体上的白色部分，甚至可以用手抓一点添光粉，在身上微微撒一下，会让整体看起来都熠熠生辉，非常闪亮。打粉后，用吹风机吹去多余的粉末。犬用定型摩丝可以用来将某些犬背上不平的毛发定型，塑造完美清晰的背线，还可以将脸庞两边的毛发往前梳理固定，塑造可爱的大脸效果。另外，喷点除臭香粉可以博得裁判的好感。全部造型完成后，全身喷洒适量的速效亮毛喷剂，这是一款定妆水，会让犬的被毛迅速发光，尤其在灯光和阳光下，非常漂亮。

七、萨摩犬的修剪造型

萨摩犬的被毛为双层被毛。下层毛短、柔软、似羊毛，覆盖全身。上层毛较粗、较长、垂直于身体生长，但不卷曲。颈部和肩部的被毛形呈领状（公犬比母犬多）。萨摩犬的被毛质量比数量更重要，理想的被毛要直立、有光泽、必须能抵御严寒。母犬的被毛比公犬略短，更柔软。

针对萨摩犬的被毛特点，在梳毛时一定要把被毛全部疏通，根据犬的大小选择合适的梳子。如果有排梳不能梳开的结，用手把结仔细整理开。在梳理时，左手按住被毛，右手持梳子轻梳被毛。梳的方向不是从左往右，而是往右上方用力，并且有往上挑的动作，就像人想把头发吹蓬松时的梳发动作。柄梳的针尖最好触及皮肤，这样既梳得透，又起到按摩皮肤的作用（注意：针尖不能尖锐）。每梳一下，梳的毛越少越好。萨摩犬的被毛有时候会有卷曲，尤其是臀部，如果卷曲严重就必须用刮刀把它刮直。但是用刮刀必须特别慎

重，因为它会刮掉很多毛。修剪时，主要是修剪眼睛、耳朵、嘴唇、肛门和生殖器周围及脚底的纤细毛发。身体其他部位的被毛不可过多修剪，只修过长的飞毛即可。使用剪刀要特别小心，不要将萨摩犬的胡须剪掉，修剪时可以搭配梳子使用。每次给萨摩犬梳理完毕，要将梳子和刷子上的油脂及多余的毛擦干净。

八、长须柯利牧羊犬

长须柯利牧羊犬的被毛分两层，内层柔软、浓密；外层平整、粗糙、刚硬、蓬松，游离于绒毛中，可以有点波状。被毛自然向身体两边分开，但人为分开是严重的错误。被毛的长度和密度不但可以起到保护作用，在保持体形方面也起重要作用。在头部，鼻梁有稀少的毛覆盖，且毛比较长，可盖住两侧的嘴唇。从颊部、下唇、下颌处的毛，长度增加，一直延伸到胸部，形成典型的胡须。过长、过于光滑的被毛或经过任何方式的修剪都视为缺点。

通常情况下，长须柯利牧羊犬只是出于卫生目的进行适当的修剪，因此，爪子上的毛发需要修剪。多数宠物主人喜欢把犬的脚部修剪成圆形，把刘海修成冠毛装饰。修剪刘海的时候，用梳子将刘海向前梳，顺着两眼的外眼角这条线剪，剪完之后再依次剪剩余的刘海，直到获得满意的结果。身体其他部位可以使用牙剪打薄，在打薄时，每次都是拉起一绺毛发顺毛进行打薄。腿部的修剪是沿着腿部的边缘，一般只修剪飞毛即可，不可过度修剪。头部的修剪一般只要按照头部的形状将头部的毛发适当剪短即可，如果毛发打结很严重，在无法进行人工开结的情况下，可用电剪进行处理。

九、贝林顿㹴

贝林顿㹴被毛为卷曲密集的毛，软毛与硬毛相杂，毛发非常容易打卷儿，尤其是头上和面部的毛发。被毛允许多种毛色，但以棕灰和蓝灰色为主。

在为贝林顿进行修剪造型时，先将犬的被毛梳理通顺，卷曲的毛拉直。用30#刀头顺毛剃或用15#刀头逆毛剃尾巴的下2/3部分。贴近尾根的1/3部分要剃一面留三面，即尾巴的内侧要剃掉，留下其他三面的被毛。同时要将肛门周围剃干净。修剪耳朵时，要用30#刀头顺毛剃或用15#刀头逆毛剃内外两面，但要注意耳尖的被毛要保留便于造型，在剃毛时，要注意耳豆的安全。由前耳根至外眼角，再由外眼角至嘴角以下，包括下颌部位的毛要全部用30#刀头顺毛剃或用15#刀头逆毛剃，嘴唇附近多余的毛要修剪干净，喉结到胸骨处剃成"V"字形。修剪头部时，由鼻尖到头顶要形成圆滑的曲线，适当修剪眼睛周围的毛发，使眼睛有凹陷感，要从头的正面看不到眼睛，但从侧面，眼睛则清晰可见。修剪胸部时，用直剪修剪电剪修剪的边缘，留毛较短，胸部不要隆起。胸部与前肢和肘外侧的过渡要自然流畅通。为了造型需要，从颈部向背部要修剪为一个圆滑的弧形，由背部向臀部也要修剪为一个弧形，保证肚脐对应的背部为弧形的最高点。在修剪腹部时，要由胸部向腹部深凹，在腰腹连接处要形成圆拱状。前肢修剪为圆柱，后肢飞节以下修圆柱。将耳朵尖端的毛发用直剪修剪成扇形。用直剪修剪尾根处，注意要向尾根方向运剪，保持尾巴的浑圆。用直剪修剪耳朵边缘，注意要由耳根向耳尖方向运剪，将耳朵边缘修剪整齐。用牙剪将身体各部分修剪的边缘进行打薄过渡，使各部位的连接更流畅自然。

十、阿富汗猎犬

阿富汗猎犬的后躯、腰窝、肋部、前躯和腿部都覆盖着浓密、丝状的毛发，质地细腻；耳朵、四个足爪都有羽状饰毛；从前面的肩部开始，向后面延伸为马鞍形区域（包括腰窝和肋骨以上部位）的毛发略短且紧密，构成了成熟犬的平滑后背，这是阿富汗猎犬的传统特征。在头顶上有长而呈丝状的"头发"，有些犬腕部的毛发较短。

阿富汗猎犬在修剪后要使其外形看起来非常自然，不应该有明显修剪过的感觉。首先要用剪刀或电剪修剪脚掌上的毛发，接下来梳理背部和四肢的毛发，尤其是要保证脸部毛发顺滑，用梳子将脱落的毛发梳掉，再用牙剪进行打薄修剪。如果有必要，可将犬的足部修剪成圆形。但是阿富汗犬的被毛特点使修剪后极易留下修剪痕迹，因此，在修剪被毛时，要沿着毛发生长的方向向下逐步修剪，逐步勾勒出阿富汗的外形轮廓。用直剪将毛发剪短之后，可以再用牙剪修剪一遍，处理掉修剪的痕迹，让毛发看起来更自然。

关键技术四 宠物犬的特殊美容

Ⅰ 宠物的染色技术

准备工作

1. 准备宠物用染色膏、染色刷、染色碗、塑料手套、排梳、宠物用皮筋、分界梳、塑料袋或保鲜膜、锡纸、发夹等染色用品和工具。

2. 给要染色的宠物犬做清洁美容。

操作方法

1. 设计造型

根据宠物的品种和宠物的自身特点为宠物进行造型设计，如要在身体上进行局部染色，应先修剪出造型的图案。

2. 分区

将需要染色的被毛与不需要染色的被毛分开，分界处的毛根部用分界梳分好，利用塑料袋或保鲜膜进行分隔，以防止在染色的过程中将染色膏染到不需要染色的被毛上，影响整体效果。还可以在染色区域周围涂抹上专业的防护膏，如果没有防护膏可以用护毛素代替，以减少染色区域周围的被毛被污染。

3. 调色

将需要的染色膏挤在染色碗中（图4-1-1），如需要调色，则按调色卡上的说明将几种所需不同颜色的基色染色膏或媒介调和膏挤在染色碗中搅拌均匀，调出所需的颜色。

4. 染色

用染色刷蘸取适量染色膏涂抹在需要染色的毛发上（如果要染单一的基色，也可将染色膏直接挤在需要染色的毛发上），用染色刷将染色膏均匀刷开（图4-1-2），为了得到好的染色效果，染色时要不时地用排梳梳一下，也可用分界梳将染好的一小层被毛与未染好的被毛分开，一层一层进行染色。用刷子染好后，用手指将染色的部位进行揉搓，直到确认被毛已经染透，要保证每根被毛上都被均匀染色。

图4-1-1　准备好染色工具

图4-1-2　四肢的染色

5. 包裹固定

将刷完颜色的部分用梳子梳理后，再用锡纸或塑料袋将染色的部位包裹（图4-1-3）。使用宠物用皮筋或发夹将包裹好的部位扎好（注意皮筋不能扎得过紧，保证血液流通顺畅），固定30分钟（图4-1-4）。为加快染色速度，可用吹风机加热10～15分钟，在加热时不要让风筒离被毛太近，防止损伤被毛。

图4-1-3　四肢染色后的包裹固定

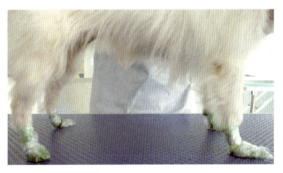

图4-1-4　进行染色固定着色的四肢

6. 其他部位染色

用同样的方法将身体其他部位要染色的被毛分离、刷毛、包裹固定，经过30分钟后，打开冲洗吹干（图4-1-5～图4-1-11）。

7. 冲洗梳理

打开保鲜膜或锡纸，将染色部位用清水冲洗干净或清洗全身。将被毛彻底吹干，梳理通顺。

图4-1-5　尾巴的染色

图4-1-6　尾巴染色后的包裹固定

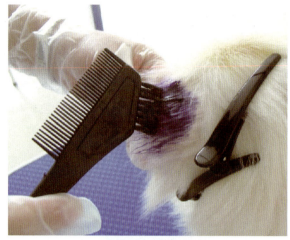

图4-1-7　耳朵的染色

图4-1-8　耳朵染色后的包裹固定

图4-1-9　头部的染色

图4-1-10　头部染色后的包裹固定

图4-1-11　染色后的宠物犬

8. 修整造型

按照设计好的造型，进一步将各部分精选修剪"雕刻"，使设计造型更有立体感。

注意事项

1. 染色的宠物最好是白色的。

2. 在染色前一定要确保宠物的被毛完全梳理通顺。

3. 染色膏染出的颜色效果由宠物被毛的底色和毛质决定，实际染出的颜色不一定和色板颜色一样或接近，因此，一定要事先告知宠物主人，以防出现纠纷。

4. 如果要给宠物进行全身染色，一般按背部、四肢、尾巴、头部的顺序进行，以防先染头部后，宠物不老实，耳朵乱动，将染料染到身体其他部位。

5. 在染全身时，为避免出现色差，最好将所需染色膏的数量一次性准备出来，或将耳朵和尾巴染成不同的颜色。

6. 有皮肤病或外伤的宠物不能进行染色。

7. 在染色过程中尽量不要染在宠物皮肤上。

8. 如果染料不慎掉在其他部位的被毛上，不要直接用手擦，可涂一些去除液。

9. 因为塑料袋太软不容易固定，因此，用刷子染完色后，一般用塑料袋包裹四肢，用锡纸包裹背部。用锡纸包裹的部位最好用发夹固定。

10. 扎皮筋时一定要扎在有毛处，不能扎在裸露的皮肤上，并且不能扎得过紧，以免血液不流通，造成坏死。

11. 染何种颜色，除了宠物主人的要求外，还取决于季节、性别等因素。

12. 为了节约染色膏，可将染色膏直接挤在被毛上，而且每个颜色固定用一把刷子。

13. 宠物在染色后，不能用白毛专用洗毛液洗澡，以防颜色变淡。

14. 大部分宠物在染色后情绪都不会有很大的变化，但个别宠物会因为自己变得和以前不一样而不开心，显得有点郁闷，不像平时那么活泼了。在这种情况下，一方面要通过表扬它漂亮，让它有自信；另一方面要观察它的食欲，测体温，检查是否因为外出洗澡、美容而引起了身体不适。

参考资料

一、染色用品简介

1. 染色膏

宠物用的染色膏一般是由几种不同颜色的染色膏组成一套，而且刺激性很小。高质量的染色性能和显色性能让染色膏显现出丰富的色彩，并通过各种不同颜色染色膏的混合可调配出其他颜色，并且使宠物被毛更加光亮，不容易起球。如贝特爱思比比多彩色染色剂，包含了7种鲜艳的基色和4种无彩色媒介调和膏（图4-1-12），通过改变7种鲜艳的基色和4

种无彩色媒介调和膏的配比，可任意地控制色调和颜色的亮度，显现出丰富的色彩，在宠物原来的毛色上染上新的颜色，使宠物形象更惹人喜爱。

2. 媒介调和膏

媒介调和膏与其他颜色的混合，可以改变染色膏的透明度和亮度，使宠物染色的色彩更加多样化。媒介透明膏主要是通过与其他彩色染色膏的混合改变染色膏的透明度，使其发生不同的变化。媒介灰色膏、媒介黑灰色膏、媒介黑色膏三种媒介调和膏主要是通过与其他彩色染色膏的混合改变染色膏的色彩明暗度，使色彩发生变化。

3. 染色颜色对比卡

有些染色膏会配有颜色对比卡。通过将各种不同基色和无彩色媒介调和膏配比，调出丰富的色彩，还可任意控制颜色的亮度和色调，方便美容师观察各种不同颜色的染色膏在混合后呈现的颜色。并可将可能出现的色差情况事先告知宠物主人，避免因染色后出现的色差而引起纠纷（图4-1-12）。

图4-1-12　日本贝特爱思朵朵比系列染色膏

4. 宠物染色造型图

宠物染色造型图是将宠物染色造型后的一些图片展示出来，为顾客提供一些宠物染色后的效果图（图4-1-13），方便顾客根据宠物染色造型图进行选择或能根据宠物染色造型图来描述自己的要求和想法。

5. 去除液

在染色过程中，由于不小心或误操作会出现将染色膏染到不需要染色区域的情况，从而影响到染色的效果，可以使用去除液将误染色区域的染色膏清除，尽可能保证染色的效果。

6. 防护膏

在染色前将染色区域和不染色区域的边界用防护膏进行涂抹，可以防止在染色过程中将染色膏染到不需染色的区域。如果在染色过程中不小心将染色膏染在未染色的区域中，有防护膏的保护，未染色的区域也不容易着色，在染色后进行清洗时染色膏也极易洗掉，可有效保护被毛。

7. 染色刷

专业的染色刷既能在染色的过程中刷

图4-1-13　宠物染色造型

拭上色，也能利用其梳齿的一面在为宠物染色的过程中不断地梳理，保证染色区域的每一根被毛都着色，并且染色均匀。另外，染色刷手柄部位圆钝的一端可以用来分界，将宠物要进行染色区域和不染色的区域分开，保证染色时不互相污染（图4-1-14）。

8. 染色碗

染色碗是在染色的过程中用来盛装和混合染色膏的工具，为了节约染色膏，最好每种染色膏固定一个染色碗（图4-1-15）。

图4-1-14 染色刷

图4-1-15 染色碗

9. 其他用品

（1）锡纸　锡纸是在染色过程中，涂抹完染色膏后，将染色部位用锡纸进行包裹，可以减少被毛营养和水分等的丢失。在用吹风机吹风时，用锡纸包裹可以更快地使染色膏附着在被毛上，并确保被毛不会被烤焦。

（2）保鲜膜或塑料袋　如果没有锡纸，还可将染色后的部位用保鲜膜或塑料袋包裹，尤其是四肢等用锡纸包裹不方便的部位。同时，利用保鲜膜或塑料袋将染色区域和未染色区域分隔开，可防止染色和未染色区域的被毛间相互污染。

（3）一次性塑料手套　因为宠物染色膏的着色能力强，不容易脱落，如果粘在手上，不容易洗掉，因此为了防止手上粘上染色膏，在染色操作过程中要戴上手套，为了安全和卫生，一般都使用一次塑料手套。

（4）宠物专用皮筋或发夹　在为宠物染色，并将染色部位包裹完毕后，为了防止锡纸、保鲜膜或塑料袋脱落，要用宠物专用皮筋或发夹扎好固定，注意要扎得松紧适当，不能扎得太紧，也不能扎得太松。

二、几种染色造型图片（图4-1-16）

三、色彩搭配常识

色彩搭配分为两大类，一类是对比色搭配，另一类则是协调色搭配。其中对比色搭配分为强烈色配合和补色配合，协调色搭配又可以分为同色系搭配和近似色搭配。

图4-1-16 宠物染色造型

（1）**强烈色配合** 指两个相隔较远的颜色配合，如黄色与紫色、红色与青绿色，这种配色比较强烈。日常生活中，常看到的是黑、白、灰与其他颜色的搭配。黑、白、灰为无色系，所以，无论它们与哪种颜色搭配，都不会出现大的问题。一般来说，同一种色如果与白色搭配时，会显得明亮；与黑色搭配时，就显得昏暗。因此，在进行色彩搭配时应先衡量一下需要突出哪个部分，不要把沉着色彩搭配在一起，例如深褐色、深紫色与黑色搭配，它们会和黑色呈现"抢色"的后果，而且整体表现也会显得很沉重、昏暗无色。黑色与黄色是最抢眼的搭配，红色与黑色的搭配显得非常隆重。

（2）**补色配合** 指两个相对的颜色的配合，如红与绿、青与橙、黑与白等。补色相配能形成鲜明的对比，有时会收到较好的效果，黑白搭配是永远的经典。

（3）**同色系搭配原则** 指深浅、明暗不同的两种同色系颜色相配，例如青配天蓝、墨绿配浅绿、咖啡配米色、深红配浅红等。其中，粉红色系的搭配，让宠物看上去可爱很多。

（4）**近似色搭配** 指两个比较接近的颜色相配，如红色与橙红、紫红，黄色与草绿色、橙黄色。绿色和嫩黄的搭配给人一种春天的感觉，整体显得非常素雅。纯度低的颜色更容易与其他颜色相互协调，增加和谐亲切之感。

四、色彩搭配的配色原则

（1）**色调配色** 指具有某种相同性质（冷暖调、明度、艳度）的色彩搭配在一起，色相越全越好，最少也要三种色相以上，例如同等明度的红、黄、蓝搭配在一起。大自然的彩虹就是很好的色调配色。

（2）**近似配色** 指选择相邻或相近的色相进行搭配。这种配色因为含有三原色中某一共同的颜色，所以很协调，因为色相接近，所以也比较稳定。如果是单一色相的浓淡搭配则称为同色系配色。出彩搭配如紫配绿、紫配橙、绿配橙。

（3）**渐进配色** 指按色相、明度、艳度三要素之一的程度高低依次排列颜色。特点是，即使色调沉稳，也很醒目，尤其是色相和明度的渐进配色。彩虹既是色调配色，也属于渐进配色。

（4）**对比配色** 指用色相、明度或艳度的反差进行搭配，有鲜明的强弱对比。其中，明度的对比给人明快清晰的印象。可以说，只要有明度上的对比，配色就不会太失败，如红配绿、黄配紫、蓝配橙。

（5）**单重点配色** 指让两种颜色形成面积的大反差。"万绿丛中一点红"就是一种单重点配色。其实，单重点配色也是一种对比，相当于一种颜色作底色，另一种颜色作图形。

（6）**分隔式配色** 如果两种颜色比较接近，看上去互不分明，可以靠对比色加在这两种颜色之间增加强度，整体效果就会很协调。最简单的加入色是无色系的颜色以及米色等中性色。

（7）**夜配色** 严格来讲，这不算是真正的配色技巧，但很实用。高明度或鲜亮的冷色与低明度的暖色配在一起，称为夜配色或影配色。它的特点是神秘、遥远，充满异国情调、民族风情，如翡翠松石绿配黑棕。

五、色彩搭配的规律

色彩搭配既是一项技术性工作，同时它也是一项艺术性很强的工作，因此，设计者在设计时除了考虑宠物本身的特点外，还要遵循一定的规律。

（1）**特色鲜明** 宠物染色的用色必须要有自己独特的风格，这样才能显得个性鲜明，给浏览者留下深刻的印象。

（2）**搭配合理** 颜色搭配要在遵从艺术规律的同时，还要考虑宠物主人的生理特点，色彩搭配一定要合理，给人一种和谐、愉快的感觉，避免采用纯度很高的单一色彩，这样容易造成视觉疲劳。

（3）**讲究艺术性** 宠物形象设计也是一种艺术活动，因此它必须遵循艺术规律，在考虑到宠物本身特点的同时大胆进行艺术创新，设计出既符合宠物主人的要求又有一定艺术特色的宠物形象。

六、色彩搭配要注意的问题

（1）**使用单色** 尽管在设计上要避免采用单一色彩，以免产生单调的感觉，但通过调

整色彩的明暗变化也可以使颜色产生变化，使整体色彩避免单调。

（2）使用邻近色　所谓邻近色，就是在色带上相邻近的颜色，例如绿色和蓝色、红色和黄色就互为邻近色。采用邻近色设计可以避免色彩杂乱，易于达到整体的和谐统一。

（3）使用对比色　对比色可以突出重点，产生强烈的视觉效果。通过合理使用对比色能够使宠物特色鲜明。在设计时一般以一种颜色为主色调，对比色作为点缀，可以起到画龙点睛的作用。

（4）黑色的使用　黑色是一种特殊的颜色，如果使用恰当、设计合理，往往产生很强烈的艺术效果。黑色一般用来作背景色，与其他纯度色搭配使用。

（5）色彩的数量　一般初学者在设计宠物染色的形象时往往使用多种颜色，使宠物变得很"花"，缺乏统一和协调，缺乏内在的美感。事实上，宠物染色时的用色并不是越多越好，一般控制在三种色彩以内，通过调整色彩的各种属性来达到较好的效果。

Ⅱ　宠物包毛技术

准备工作

1. **动物**　长毛犬每组1只，约克夏㹴、玛尔济斯、西施均可。
2. **工具**　排梳、分界梳、鬃毛梳、针梳、包毛纸、护毛剂、皮筋、剪刀。
3. **洗澡**　给犬梳理被毛，用沐浴液、护毛素或护毛精油等护毛产品洗澡。

操作方法

1. 与犬适当沟通和安抚后，将犬抱上美容台，并让犬枕在小枕上，方便包毛工作的进行。

2. 梳整全身毛发，根据毛量和毛的长度确定大概需要包几个毛包。

3. 根据宠物毛发的长度裁好包毛纸，然后把两个长边各折起3cm左右的宽度，底边按2cm的宽度折3折，使包毛纸近似直筒形。准备好足够数量的包毛纸，放在一边待用。

4. 从尾巴开始包起，用排梳或分界梳挑起适量毛发梳顺，喷上以1∶50稀释的高蛋白润丝液或羊毛脂，如需参加比赛则要在比赛前10天改用植物性润丝乳液（1∶20稀释），以减少毛发油质。注意要喷洒均匀，然后用鬃毛刷刷平。

5. 将毛发夹在包毛纸的对折线中间并用拇指及食指紧紧捏住，以防毛发松动。然后将包毛纸纵向对折直至适当宽度后，把已成条状的包毛纸向后折至适当长度，最后一折向反向折，然后套上皮筋绑起来，不要绑到尾骨。

6. 包毛后将扎好的毛包整理得工整些，左右轻拉一下，避免里面的毛打结。

7. 用同样的方法将犬背部和颈部左右两侧的毛分成相同的份数（一边分3～5份），从后向前分别包好，两侧毛包要对称且大小相近，不会妨碍犬的活动（图4-2-1和图4-2-2）。

8. 肛门下面的毛平分，用分界梳梳出一边的毛，用相同的步骤包毛。屁股左右的毛包好后，确认不会妨碍宠物犬的活动。

9. 后肢上方的毛梳直后按相同的步骤包起来。

10. 接下来包脸上的毛，先从额头包起。脸上的毛不要包得太紧，否则会让宠物犬很不舒服。

11. 脸上的毛包好后再包前胸的毛，按毛量分为若干撮，包起来。

12. 整个身体要根据毛量均匀分区，毛包好后既美观又不影响运动。分区的方法如图4-2-3和图4-2-4所示。

13. 宠物犬毛发包好后需每隔2～3天拆开，用鬃毛刷刷过后，再一层层地喷上稀释的乳液，并重新再包起来。

图4-2-1 由后向前包

图4-2-2 左右对称

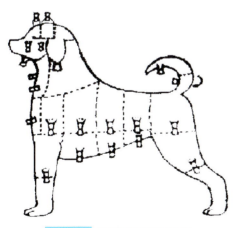

图4-2-3 毛量多的分区方法

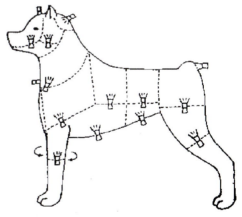

图4-2-4 毛量少的分区方法

注意事项

1. 宠物犬包毛的过程中稳住它的情绪是最重要的，犬一有配合的表现就要及时地给予奖励，以保证包毛顺利进行。

2. 头上的毛包完后应是直立的。

3. 躯体上的毛应顺着毛发生长的方向来包，毛包完后自然下垂，左右对称，分别呈线条状。分层包毛时，层与层之间应是在一个纵排上，排列整齐。

4. 包毛的基本原则是左右对称、大小一致、包紧扎牢，注意选取适当的位置和包裹适当数量的犬毛，同时不能伤到犬的皮肤和被毛。

5. 包毛时手不能太松，以免脱落；也不要包得太紧，以防拉扯皮肤。

6. 包毛时最好直接用包毛纸把毛包起来，再扎皮筋，而不要先扎皮筋再用包毛纸，最后再用皮筋固定。否则容易把毛弄断或使毛发纠结在一起，而失去包毛的意义。

7. 包毛纸要将整缕毛全部包住，不能露出毛尖。而且要将毛发统一压在包毛纸的对折线处包裹，不能让包毛纸的每一层都夹有毛发。

8. 腿毛由内向外侧包，一般包两个；小腿骨、飞节以下不包。

9. 有些长毛犬如西施、约克夏㹴、马尔济斯等，为了不让嘴边的毛影响进食，也为了不弄脏毛发，最好对这部位进行包毛。注意不要将下巴上的毛同时包进去，否则就会张不开嘴。

一、宠物犬包毛的目的

（1）保养被毛，使被毛顺滑光亮，从而使宠物犬更加漂亮。

（2）防止前额的饰毛进入眼睛。

（3）保持口腔和肛门周围的清洁。

二、几种犬头部包毛的方法

（1）**马尔济斯** 扎两个发髻（左右各一），以鼻头为中间将两后眼角至头盖骨的毛平均分为两份包上包毛纸，然后扎上蝴蝶结。

（2）**西施、约克夏㹴** 扎一个发髻，由眼角到头盖骨，前后各扎一个，再使之互相依附扎成一个，突显出头冠的完美。要用两根皮筋分别扎，一根扎在毛发根部，另一根扎在其上部，中间扎一个蝴蝶结。

（3）**贵宾犬的欧洲大陆型** 扎3～8个发髻，从左内眼角到右内眼角扎第1个发髻，从外眼角到耳际扎1～2个发髻，再在头盖骨扎1～2个发髻，沿颈部到背部再扎1～2个发髻，最后将前3个发髻互相依附扎在一起。

三、包毛用品简介

1. 包毛纸

包毛纸主要用于保护毛发和造型结扎的支撑。包括长毛犬发髻的结扎，以及全身被毛保护性的结扎，使毛发与橡皮圈有一阻隔缓冲。市场上的包毛纸主要有美式和日式的两种。美式包毛纸成分为混合塑胶，有利于防水，但透气性较差；日式包毛纸则颜色多样化，美观，但不防水。

好的包毛纸应具备透气性好、伸展性好、耐拉、耐扯、不易破裂、长宽适度等特点。

2. 橡皮圈

主要用于包毛纸、蝴蝶结、发髻、被毛的结扎固定，以及美容造型的分股、成束。一般最常使用的是7#刀头和8#刀头，超小号的使用很少，大都是专业美容师在犬展比赛中使用。

橡皮圈按材质可分为乳胶和橡胶两种。乳胶橡皮圈不粘毛、不伤包毛纸，但弹性稍差；橡胶橡皮圈弹性好、价格低廉，但会粘毛。

3. 蝴蝶结

蝴蝶结主要用于装饰宠物犬头部的发髻，也可用来装饰短毛犬的两耳根部，使宠物犬看上去朴实、漂亮，效果很好。下面简单介绍一下立体蝴蝶结的制作方法。

主要材料：彩带、塑料珠、线、尺子、针、剪刀、珠针、指甲液等。

制作过程如下。

（1）准备3条长10cm、宽2cm的丝带，注意太窄的丝带做出来不好看。

（2）将一根丝带正面相对对折，两头缝合，折边压出印记。

（3）将丝带圈翻回正面，将缝边和中线压印呈"X"状，然后用珠针固定。

（4）同样方法再做出一个，将这两个丝带圈呈"X"状，用珠针固定。

（5）用针线从中间平缝，然后抽紧，再缠几圈固定。

（6）取第3根丝带，在中间打结，就是普通结。

（7）将这个结放在蝴蝶结的中间，两头在后面系好，将两头整理到下面，并剪出三角口。

（8）在蝴蝶结背面在中心位置处，将橡皮圈缝在蝴蝶结上，并使其与蝴蝶结垂直。

（9）为了使蝴蝶结更富立体感，应涂上指甲液，这样蝴蝶结就不会变形，且更具光泽。

Ⅲ 宠物形象设计与服装搭配技术

准备工作

裁剪剪刀、碎花布、米尺、模特犬。

操作方法

1. 测量体尺

（1）**颈围** 指犬的颈部的周长，也就是平时犬戴颈圈的位置的周长。这个位置是宠物

服饰领口的位置,领口不可太大,也不可太小,一般测量时放出1cm即可。

(2)**胸围** 犬胸骨最低处,也就是犬最胖的位置,这里毛厚肉多,所以记录的长度至少比测量值多出2～3cm。

(3)**身长** 从犬的颈后到尾根的长度。测量时要保持宠物直立,身体充分展开,这样才能保证测量的准确性。

(4)**腿间距** 两条前腿根内侧根部之间的距离。

(5)**袖长** 以肩部算起,进行测量。

2. 选择设计服装的布料

宠物犬的服装要设计合理,不影响行动,最好选择开扣的设计,既容易脱穿,也使得犬跑起来不容易挣开。另外,开裆也要合理,一般选择松紧设计,这样犬行走时才会自如。作为宠物服饰的布料要选择触感柔软、穿起来舒适美观的布料,同时还需要选择伸缩性好的布料。

(1)**适合使用的布料** 针织佳绩布、羊毛布、棉布、条纹粗棉布(如牛仔布)。

(2)**不适合使用的布料** 洗过会缩水的布料、坚硬的合成料、易勾住爪子的布料、化纤布料、易褪色布料。

3. 选择宠物服装款式

(1)**根据给宠物犬穿服装的目的选择服装款式** 给宠物犬穿服装的目的有很多种,如装扮、保暖、防雨及庆祝节日等,为满足不同目的的服装款式也不同,冬季的保暖服装一般遮盖的面积大且较贴身,装扮犬和庆祝节日的则以颜色亮丽、款式独特为主,防雨的就要尽可能遮雨且很宽松。

(2)**根据宠物犬的品种、年龄选择服装款式** 不同品种犬在性格、体型等方面有一定的差异,所以要根据实际情况为其挑选合适款式的服装。

4. 裁剪制作

将选择好的布料按照测量的体尺裁剪出所需的款式,再用机器或手工缝制起来,即做好一件舒适的服装。

注意事项

1. 面料选择上要选择适合宠物服饰的面料。
2. 尺寸测量时要留出适当的尺寸。
3. 制作好的服装要舒适、适用且可爱。

参考资料

各种服装设计图片如图4-3-1～图4-3-5所示。

关键技术四　宠物犬的特殊美容

图4-3-1　象形装

图4-3-2　季节装

图4-3-3　节日、婚庆装

125

图4-3-4 雨衣

图4-3-5 民族装

Ⅳ 宠物犬的立耳术

准备工作

1. **动物**　2月龄杜宾犬（或3月龄的雪纳瑞犬）每组各一只。

2. **器材**　医用酒精、络合碘、橡皮膏、圆柱形泡沫、缝线、常规手术器械（手术剪、手术刀、止血钳等）、断耳夹子（或肠钳）。

操作方法

1. 术前准备

（1）术前12小时禁食，以防止因麻醉引起呕吐的食物卡住气管造成窒息。

（2）打止血针，防止在手术中流血过多。

（3）保定与麻醉，实施全身麻醉结合局部浸润麻醉，最好采用吸入麻醉。

（4）备皮后对手术部位进行全面认真的清理和消毒。

2. 术部隔离

（1）耳道内塞入棉球，将下垂的耳尖向头顶方向拉紧伸展，确定要留的长度，用记号笔画好标记线。

（2）将对侧耳朵拉起，两个耳尖对合，用剪刀在与另一只耳朵标记线对应的位置剪一个小口，再用记号笔画出标记线。

（3）将断耳夹子（或肠钳）固定在标记线内侧。

3. 切除、缝合

（1）用手术剪沿标记线将要切除的部分剪下，用止血钳钳住断端的血管进行钳压捻转止血。

（2）用剪刀将耳内侧上1/3的皮肤和软骨进行分离。

（3）用可吸收线将上1/3部分的内外侧皮肤以连续锁边缝合的方式缝合在一起，不缝合软骨。

（4）下2/3的部分以连续缝合的方式将软骨和内外侧皮肤缝合在一起，缝合时将内侧皮肤和外侧皮肤闭合严密。

（5）用同样的方法将对侧的耳朵沿标记线剪下、缝合。

4. 固定

缝合完毕后，需要将耳朵固定呈直立状，以保证耳朵竖立。固定的方法有以下几种。

（1）用专用的耳支架将两个耳朵固定在一起。

（2）用扣状缝合的方法将两只耳朵缝合在一起，固定线7～10天拆除。

（3）把两只耳朵在头部上方用胶布粘在一个固定物上，具体方法如下。

① 用一段约5cm长的圆柱形泡沫，外面缠上胶布（图4-4-1）。

② 耳朵内侧皮肤贴上胶布，连接处涂上胶水。

③ 将圆柱形泡沫插入耳道内（图4-4-2）。

④ 用胶布将圆柱形泡沫固定在耳朵上，耳尖部用胶布反贴固定。

⑤ 两边耳朵用胶布连接固定（图4-4-3）。

⑥ 耳朵固定7～10天，拆开。

 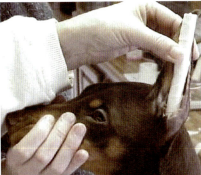 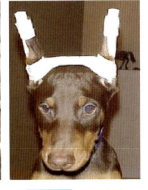

图4-4-1 制作固定物　　图4-4-2 将固定物插入耳道　　图4-4-3 两耳连接

5. 术后护理

（1）术后专人看护，防止犬自伤或被其他犬咬伤。

（2）用碘仿每天至少擦两次伤口，还要每天打两次消炎针。

（3）解除固定后，如果耳朵不能直立，可用绷带在耳朵基部包扎，直至直立。

注意事项

1. 术前12小时禁食。

2. 拆线后不能马上给犬洗澡，最少要3～5天后再进行水浴。如果必须洗澡，可以用宠物专用干洗粉进行干洗。

3. 如果可以进行水洗，洗后一定要立即吹干，不要让其伤口裂开。

4. 在伤口愈合期间，切记要防止犬只抓挠自己的伤口部位，导致溃烂。可以为它带上"伊丽莎白项圈"。

5. 耳部有耳螨等寄生虫感染或患有软骨病的犬，最好不要进行立耳手术。

6. 加强护理，防止术后感染。

参考资料

一、立耳定义

所谓立耳，就是将宠物犬的耳朵（包括耳郭）剪掉一部分（多为1/3），使天生垂耳犬的耳朵能够向上生长并竖立起来的手术。

二、立耳的由来

立耳术究竟是什么时间开始流行起来的，已经无法考证了。人类最初给犬实施立耳术是为了能显示犬的特殊气质或为了方便护理。如杜宾犬，作为工作犬，要求具有高贵的气质、警惕的神情、神气的外表。做过立耳术的杜宾犬更能够体现以上这些特征，因此，一般都要求杜宾犬做立耳。而雪纳瑞等一些㹴类犬种，因为它们的耳道结构比较复杂，里面长满了硬硬的杂毛，又不会自行掉落，因此经常会刺激到它们细嫩的耳道表皮，又容易滋生细菌，导致很多耳部疾病，所以一般对于这类犬种也需为其实施立耳手术。

三、立耳术的发展

今天，大多数的立耳术是为了让犬变得更加威风与漂亮。在一些犬展比赛中，只要品种标准中规定必须做立耳术的犬只，一律要在实施过立耳术以后才能参加比赛，这样能展现出该犬种的独特魅力。然而，对于大多数家庭来说，作为伴侣犬是没有必要实施立耳术的，因此养一只垂耳朵的杜宾犬或雪纳瑞也未尝不可。

四、常见的需要做立耳术的犬种及其立耳适合年龄与标准图

几种常见需要做立耳术的犬种的立耳适合年龄见表4-4-1，其标准图如图4-4-4所示。

表 4-4-1　宠物犬做立耳术的年龄和留耳长度

犬　　种	年　　龄	留耳长度
拳师犬	9～10周龄或体重达6kg	留2/3长
大丹犬	9周龄或8～10kg	留3/4长
雪纳瑞犬	10～12周龄或体重3kg	留2/3长
杜宾犬	8～10周龄或体重达6kg	留2/3长
杜伯曼短毛猎犬	8～9周龄或体重达到6kg	留3/4长

(a)拳师犬

(b)大丹犬

(c)雪纳瑞犬

(d)杜宾犬

图4-4-4　立耳的标准

V　宠物犬的断尾术

1. 动物　雪纳瑞犬或罗威纳犬每组各一只。

2. 工具 医用酒精、碘酊、电剪、橡皮筋、骨刀、一般外科手术器械、可吸收缝合线、笔管、气门芯、剪刀。

操作方法

犬断尾方法主要有气门芯断尾法、止血钳断尾法、橡皮筋断尾法、外科手术截断法。

1. 给幼犬断尾

这里所说的幼犬是指出生后1周左右的犬。主要原理是阻断血液循环，几周之后需要被截断的组织就会坏死，自然脱落。在这个过程中是不会出血的，而且刚出生的幼犬神经发育得并不完全，因此也不会忍受太大的痛苦。主要的断尾方法有以下两种。

（1）气门芯断尾法

① 工具 一根合适的笔管（一端细小且能够套进幼犬的尾巴），一根气门芯，一把剪刀，以上工具都用碘酊消毒。

② 步骤

a. 用剪刀将气门芯剪成1～2cm的小段，撑开气门芯(可用镊子)，从笔管较细的一端将气门芯套在笔管上；

b. 用酒精或碘酊擦拭狗的尾根处，将狗的尾巴插进笔管中，在欲断尾的位置上把预先套在笔管上的气门芯撸下去，正好套在小狗的尾巴上（图4-5-1）；

c. 每天于捆绑处擦些碘酊消毒，如果方法得当，1周左右尾巴就会自然干瘪脱落，而且伤口也比较小。然后在伤口处消毒即可。

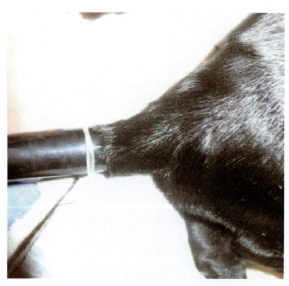

图4-5-1 带有气门芯的笔管套在犬尾巴上

（2）止血钳断尾法（出生后3～4天的犬）

① 工具 止血钳、手术剪、酒精或碘酊。

② 步骤

a. 确定断尾的位置（一般都是在尾根骨第2节处），用止血钳夹紧（图4-5-2）；

b. 在犬尾根处用酒精或碘酊擦拭消毒后，用锋利的手术剪在止血

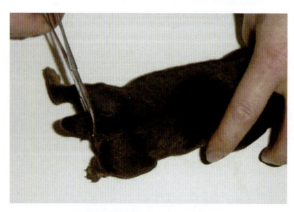

图4-5-2 用止血钳夹住尾巴

钳所夹部位的上方迅速剪掉多余的尾巴。注意要用新的酒精棉球消毒过的手术剪，剪掉的速度要快、狠、准（图4-5-3）。

c. 用止血粉涂抹于伤口处（这时止血钳还不能松开），等约15分钟后，感觉伤口几乎没有血液流出，就可以放开止血钳；

d. 术后涂抹碘酊消毒断尾区，还可用消炎药预防感染。另外要避免母犬去舔仔犬伤口处，以免感染。一般7～10天可就痊愈。

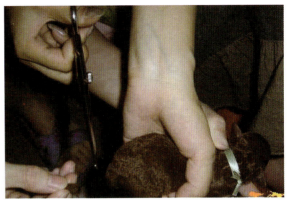

图4-5-3　用手术剪剪掉多余尾巴

（3）犬的橡皮筋断尾法（出生不久的犬只）

① 工具　比较有弹性的橡皮筋。

② 步骤

a. 确定断尾位置，用酒精或碘酊擦拭消毒。

b. 用橡皮筋紧紧捆绑起来。目的是让血液无法流通而造成肌肉坏死（图4-5-4）。

c. 每天定时消毒，防止感染，直到尾巴干枯断掉。

图4-5-4　用橡皮筋紧紧捆绑尾巴

d. 约5天尾巴脱落，之后给伤口消毒即可。

2. 给年龄较大犬只断尾——外科手术截断法

给年龄稍大的犬断尾时，也应在1～2月龄以内进行。

① 工具　一般外科手术器械。

② 步骤

a. 全身麻醉，或硬膜外麻醉，并配合镇静。采取胸卧保定或仰卧保定。

b. 对会阴部及预断尾部用碘酊严格消毒。

c. 确定保留尾根长度。于第2节尾椎（最多不超过第3节尾椎）的位置断尾，尾根部扎系止血带。

d. 通过触摸，在其第2尾椎间隙，背、腹侧切开皮肤，将皮肤剪成"V"字形皮瓣，并将皮瓣反折到预切除尾椎间隙的前方，结扎截断处的第2尾椎侧方和腹侧的血管，然后用骨剪或手术刀在其间隙处剪断肌肉和尾椎。暂时松开橡皮筋，观察是否有出血现象。彻

底止血后，修剪皮瓣，将其对合，使之紧贴尾椎短端。先用可吸收性缝线在皮下缝合数针，闭合死腔。然后用丝线结节缝合皮肤创缘。消毒后，解除止血带并包扎尾根，再用碘酊消毒即可。

e. 术后连续应用抗生素4～5天，保持尾部清洁，以防感染。术后10天拆除皮瓣缝线。

注意事项

1. 实施断尾人员必须了解各种断尾犬只方法的具体要求。
2. 做好消毒工作，防止感染。
3. 选择外科手术截断法断尾时，必须做好止血工作，防止大出血。
4. 认真做好护理工作。
5. 剪尾的长短须视品种而异，标准以竖起为佳，切忌软垂或过长。
6. 断尾术除了用于犬的美容，还可以用于尾部的肿瘤、溃疡的切除。

一、断尾的目的

各个品种犬的用途不同，断尾的目的也不尽相同。对于一些工作犬，如罗威纳，断尾的目的有以下几点。

（1）尾巴活动能力很低，影响工作,为确保执行任务时的隐蔽性而断尾。

（2）避免在穿行于丛林中时尾巴受伤感染。

（3）战斗失败没有夹尾巴的动作，对方自然无法判断是否需要继续战斗，以培养犬的战斗能力。

例如，可卡犬作为枪猎犬，经常需要穿越荆棘丛生的灌木丛来追逐鹌鹑等猎物，此时左右摆动幅度很大的尾巴抽打在灌木丛上会受伤，为了避免受伤感染，需要给可卡犬断尾。

长时间以来，给犬断尾多数都是为了工作的需要，因此人们习惯了犬只断尾的形象。现在已经有很多犬告别了原始的工作，断尾的目的也只是为了修整外形。此外，还有一些断尾犬是为了参加犬展，满足犬展中对不同品种犬的外形要求。虽然对一些犬种实施断尾手术已经成为传统的标准，但是现在人们已经意识到断尾是非常不人道的做法，所以很多家庭宠物犬不再断尾。2006年欧盟全面禁止给犬断尾、立耳，2007年台湾对参赛犬不再要求必须断尾。

二、断尾标准

常见需要断尾的犬种断尾的标准见表4-5-1。

表4-5-1　常见犬种的断尾标准

犬　名	保留尾椎长度
拳师犬	2～3节尾椎
杜宾犬	2～3节尾椎
罗威纳犬	1～2节尾椎
可卡犬	母犬留2/5，公犬留1/2
匈牙利猎犬	留1/2长
贵妇犬	留1/2～2/3长
弗兰德犬	留1/2～3/5长
库瓦兹犬	留1/2～3/5长

关键技术五 宠物特殊护理

I 幼犬的护理

准备工作

1. **动物** 1.5～3月龄幼犬、4～6月龄幼犬、7～8月龄幼犬每组各一只。
2. **器具** 食盆、水盆、便盆、刷子、梳子、剪刀、镊子、电吹风、犬用玩具、颈圈和牵绳等。
3. **用品和消毒药** 肥皂、清洁剂、药用棉、棉签、纱布、常用消毒药（来苏尔、新洁尔灭等）、2%硼酸、30%碘酊、紫药水及抗生素药膏等。

操作方法

1. 幼犬入室前的准备

（1）**给幼犬营造一个安全舒适的环境** 房间内的家具、物品之间尽量不要留有狭小的空隙，以免幼犬的脑袋卡在其间，造成身体伤害；将所有电器的电源插头从插座上拔掉，以免幼犬啃咬触电；将所有的清洁物品及装饰物品放在幼犬无法触及的地方；所有药品、杀虫剂和洗涤类用品都应妥善放置，在使用后应把瓶盖盖紧，防止幼犬吸食中毒；将别针和裁缝用具等细物品妥善保管，以免幼犬吞食带来致命后果；准备保暖的犬床（可用一个纸箱给幼犬制作简易犬床），并在犬床里面铺上棉絮、毛巾毯等作为垫子；防止贼风、过堂风，以防感冒。

（2）**食具的准备** 选择坚固不易损坏、便于洗涤、底部较大不易打翻的器皿作为食具（食盆和水盆），如陶瓷盆、不锈钢盆、铝盆、铁盆均可。食具的大小形状要依犬的大小外形而异（扁脸短鼻犬种，应该用浅器皿）；耳朵较长的犬种，应该用小口的食具，耳朵留在外面。清洗食盆和水盆，然后用来苏尔溶液进行消毒。

（3）**常用用品的准备** 常备一些药用棉、棉签、纱布、消毒药（来苏尔、新洁尔灭等）、30%碘酊、紫药水及抗生素药膏等。

（4）**便盆的准备** 室内养犬一定要有便盆，盆内可放上旧报纸或煤灰等，以随时更换。训练爱犬到卫生间的低漏处大小便最为适宜。

（5）**玩具的准备** 幼犬在长牙齿时会有搬运和咬东西的行为，因而必须根据犬的爱好准备一些不易吞食、不易破碎、无毛的棒状（或球状）玩具和犬咬胶，供幼犬啃咬和玩耍。

（6）**颈圈和牵绳的准备**

① 颈圈的准备　颈圈可由皮、尼龙、金属及棉带等制成，紧松、大小要适合犬体，并要随幼犬的生长及时调整或更换。不锈钢颈圈和链条美观耐用，但一般只用于短毛的中型或大型犬种。

② 牵绳的准备　牵绳可用皮带、帆布带、纤带或铁链等制成。小型犬一般以132cm长的细软棉绳为好。牵绳的末端要有脱套方便且不会从颈圈上脱落的套钩。

2. 幼犬日粮配制与饲喂

通常将出生后45天～8月龄的犬称为幼犬。按不同的发育阶段幼犬的消化生理特点和生长发育特点对营养物质的需求情况配制不同的日粮。

（1）**1.5～3月幼犬日粮配制与饲喂**

① 称取鲜牛奶400g、肉食150g、面食150g、大米100g、块根块茎植物150g、青绿植物40g、胡萝卜20g、骨粉11g、食盐5g、动物脂肪4g、鱼肝油3g、酵母2g。

② 碎肉、动物脂肪放少许水煮熟，加入牛奶、绿色植物制成半流体状。

③ 将大米、面食、块根块茎植物混合至煮熟，再添加到上述半流体状的液体中，调制成糊状或食团。

④ 加入鱼肝油、酵母、骨粉、食盐后混匀。

⑤ 将调制好的适量日粮放入食盆中，用于饲喂1.5～3月龄幼犬，每天饲喂4～6次。

（2）**4～6月幼犬日粮配制与饲喂**

① 称取鲜牛奶300g、肉食250g、动物脂肪6g、玉米150g、面食150g、青菜60g、胡萝卜30g、骨粉13g、食盐8g、鱼肝油5g、酵母4g。

② 碎肉、动物脂肪放少许水煮熟，然后将胡萝卜和青菜切碎，一并加入鲜牛奶中，制成半流体状。

③ 将玉米、面食混合后煮熟，再添加到上述半流体状的液体中，调制成糊状或食团。

④ 加入鱼肝油、酵母、骨粉、食盐后混匀。

⑤ 将调制好的日粮放入食盆中饲喂4～6月龄幼犬，每天饲喂3～4次。

（3）**7～8月幼犬日粮配制与饲喂**

① 称取肉类400g、谷类400g、蔬菜100g、胡萝卜60g、骨粉14g、食盐10g、鱼肝油

8g、酵母6g。

② 将肉切块煮熟。

③ 加入切碎的蔬菜，稍加煮沸，做出菜肉汤。

④ 加入煮熟的谷物以及鱼肝油、酵母、骨粉、食盐等，调制成糊状或食团。

⑤ 将调制好的日粮放入食盆中饲喂7～8月龄幼犬，每天饲喂3次。

3. 幼犬被毛的护理

（1）**经常梳理被毛** 经常梳理被毛能够防止被毛缠结，还可以促进血液循环，增强皮肤抵抗力，有利于幼犬的健康。一般每天早晚各刷一次，每次刷毛3～5分钟。

（2）**梳毛的注意事项**

① 梳毛时应使用专门的器具，不要使用人用的梳子和刷子。梳子的用法是用手握住梳背，以手腕柔和摆动，横向梳理。刷子的齿目多，梳理时一手将毛提起，刷好后再刷另一部分。

② 梳毛时动作应柔和细致，不能粗暴蛮干，否则犬会疼痛。梳理敏感部位（如外生殖器）附近的被毛时尤其要小心。

③ 犬的底毛细软而绵密，如果长期不梳理，易缠结，甚至会引起湿疹、皮痒或其他皮肤病。在对长毛犬进行梳理时，应一层一层地梳，最后对其底毛进行梳理。

④ 注意观察幼犬的皮肤。清洁的粉红色为良好，如果呈鲜红色或湿疹状，则可能是寄生虫、皮肤病或过敏等，应及时治疗。

⑤ 发现蚤、虱等寄生虫，应及时用细的钢丝刷刷拭，并用杀虫药物治疗。

⑥ 犬的被毛沾污严重时，梳毛时应配合使用护毛素（100倍稀释）和婴儿爽身粉。

⑦ 对细茸毛（底毛）缠结较严重的犬，应以梳子或钢丝刷子顺着毛的生长方向从毛尖开始梳理，直至毛根部，须一点一点进行，不能用力梳拉，以免引起疼痛或将毛拔起。

（3）**给幼犬洗澡** 3个月以内的幼犬以干洗为宜，每天或隔天喷洒稀释100倍以上的宠物护发素或幼犬用干洗粉，勤于梳刷，即可代替水洗。此外，也可以用温热潮湿的毛巾擦拭幼犬被毛及四肢，以达到清洁体表的目的。擦拭的时候一定要格外小心。肛门是犬比较敏感的部位，水温不能过热，以免烫伤犬的肛门黏膜；也不能过凉，过凉同样会刺激犬的肛门，使犬感觉不舒服，从而产生恐惧和害怕，致使幼犬以后不再愿意接受擦拭。擦拭头部时注意不要碰到幼犬的眼睛，擦拭后应马上用干毛巾再擦拭一遍，然后再轻轻地撒上一层爽身粉，最后用梳子轻轻梳理被毛至少10～20分钟。

3个月以上的幼犬一般2周左右洗1次。洗澡水的温度不宜过高过低，一般为36～37℃。给幼犬洗澡应在上午或中午进行。有些幼犬怕洗澡，尤其是沙皮幼犬更怕水，因此要做好幼犬第一次洗澡的训练工作，用脸盆装满温水，把幼犬放入盆内，露出头和脖子，这样会使幼犬感到舒服，以后也就不会不愿洗澡了。

4. 幼犬牙齿的护理

与人类一样，当食物碎渣或残屑贮留在牙缝里时，可引起细菌在牙缝里滋生，造成龋齿或齿龈炎症，影响犬的食欲和消化。因此要经常或定期检查和刷拭幼犬的牙齿，发现问题及时处理。

（1）牙齿护理前的准备　准备棉签一包，生理盐水一瓶，牙粉适量。

（2）牙齿护理的方法步骤

① 将棉签用生理盐水沾湿。

② 用湿棉签擦去牙缝里的食物碎渣或残屑贮留物。

③ 用湿棉签蘸取牙粉，以清除牙垢，每周给幼犬刷牙1次。

（3）牙齿护理的注意事项

① 不要使用人用牙膏，犬不喜欢那种气味，且易刺伤牙龈。

② 幼犬的牙齿分布较稀（特别是乳齿和换牙期间），骨头等碎片容易卡在牙缝里，应尽量少给幼犬喂含骨头的食物。

5. 幼犬眼睛的护理

某些眼球大、泪腺分泌多的犬，常从眼内流出多量泪液，使得眼角下被毛变色，如北京犬、吉娃娃、西施犬、贵妃犬等，因此要经常检查犬的眼睛。当犬患上某些传染病（如犬瘟热等），特别是患有眼病时，常引起眼睛红肿，眼角内存积有多量黏液或脓性分泌物，这时要对眼睛进行精心治疗和护理。

（1）眼睛护理前的准备　准备好医用棉球、2%硼酸、生理盐水、眼药水、眼药膏等。

（2）眼睛护理的方法与步骤

① 将棉球蘸上生理盐水将眼睛四周的长毛向四周分开。

② 有些犬，如沙皮犬，常因头部有过多的皱皮，而使其眼睫毛倒生。倒睫毛会刺激眼球，引起犬的视觉模糊、结膜发炎、角膜浑浊。可请兽医做手术，去除部分眼皮（类似人的割双眼皮整容术）。也可用镊子将倒睫毛拔掉。

③ 用棉球蘸上2%硼酸，由眼内角向外轻轻擦拭，但不能在眼睛上来回擦拭，一个棉球不够可再换一个，直到将眼睛擦洗干净为止。

④ 擦洗完后，再给犬眼内滴入眼药水或眼药膏，以清除炎症。

（3）眼睛护理的注意事项

① 用棉球擦拭眼睛时，动作要轻，以免损伤眼结膜。

② 沙皮犬的倒睫毛是有遗传性的，因此在购买时，除了要查清其血统外，还要了解其父母有无倒睫毛的缺点。

6. 幼犬耳朵的护理

幼犬的耳道很易积聚油脂、灰尘和水分，尤其是大耳犬，下垂的耳壳或耳道附近的长毛常把耳道盖住，这样，耳道会由于空气流通不畅，易积垢潮湿而感染发炎。因此，要经常检查犬的耳道，如果发现幼犬经常抓耳朵，或不断用力摇头摆耳，这就说明耳道有问题，应及时仔细地检查。

（1）耳垢清除前的准备

① 准备耳道消毒用的酒精棉球。

② 配制软化耳垢用的3%碳酸氢钠滴耳液或2%硼酸水。

③ 将镊子用酒精棉球擦拭消毒。

（2）耳垢清除的方法与步骤

① 先用酒精棉球消毒外耳道。

② 用3%碳酸氢钠滴耳液或2%硼酸水滴于耳垢处。

③ 待干固的耳垢软化后，用小镊子轻轻取出。

④ 再用酒精棉球擦拭并消毒内耳道和外耳道。

（3）耳垢清除的注意事项

① 镊子不能插得太深，精力要高度集中。

② 清除耳垢时应仔细观察耳道中有无寄生虫，如果有寄生虫，应及时用合适的药物给予治疗。

参考资料　幼犬的消化生理特点

幼犬消化器官的结构和功能都很不完善，重量和容积都较小，所以需要少食多餐。随着年龄的增加，可以逐步减少饲喂次数，加大饲喂量。幼犬消化酶的数量和活性大多随犬龄增大而增加，因此，应该给幼犬饲喂面包、稀饭和碎肉等柔软、体积小且易消化的食物，或者选用专门设计的幼犬狗粮。幼龄期是犬生长发育最快的时期，大多数品种4～5月龄时体重会达到成年犬的一半。此外，幼犬物质代谢旺盛，对营养的要求很高，需要提供营养均衡的日粮。

幼犬刚断奶不久，从吃奶改成吃饲料需要有一个适应的过程。断奶时，可逐渐减少母犬的哺乳次数，补充加奶的米粥，慢慢增加固体饲料喂量，直至全部改吃固体食物。饲喂幼犬必须掌握其消化特点，防止因饲喂不当而引起消化不良、腹泻等疾病的发生，影响犬的健康。

II　妊娠犬的护理

准备工作

1. **动物**　配种后的长毛犬和短毛犬每组各一只。

2. **器具**　喷雾器、食盆、水盆、便盆、刷子、梳子、剪刀、镊子、电吹风、颈圈和牵绳等。

3. **用品和药物**　肥皂、清洁剂、药用棉、棉签、纱布、常用消毒药（来苏尔、新洁尔灭等）、清洁剂、宠物配方浴液、去耳螨滴耳油、中草药配方滴眼液、除虫药、2%硼酸、30%碘酊及抗生素药膏等。

4. **饲料与营养补品**　各种妊娠犬的日粮、妊娠犬维生素、钙宝、液体钙、营养骨、高效美毛粉、孕幼犬奶粉等。

操作方法

1. 犬的妊娠诊断

（1）感官检查法

① 观察犬的行为　妊娠犬的活动减少、行动谨慎、性情温顺、喜欢在暖和的地方趴卧等。

② 观察外阴部有无肿胀现象　整个妊娠期，外阴部稍有肿胀，分娩前肿胀更加明显，分娩后才逐渐恢复原状。

③ 观察腹围大小　母犬妊娠1个月后食量和饮水量会逐渐增加，腹围逐渐增大，50天后在腹侧可见"胎动"，至妊娠55天时增至最大。

④ 观察乳房的变化　母犬妊娠20天后，乳房逐渐增大。30天后乳房下垂，乳头膨大，呈粉红色，富有弹性。

⑤ 腹壁触诊　当母犬怀孕20天左右，子宫开始变得粗大，在腹壁触摸可以明显感知子宫直径变粗，但这需要有相当经验的人才能作出较正确的诊断。妊娠35天后，可以触摸到有鸡蛋大小、富有弹性的肉球——胎儿，但应注意与无弹性的粪块相区别。触摸时应用手在最后两对乳头上方的腹壁外前后滑动，切忌粗暴过分用力，以免伤及胎犬，造成流产。

（2）B型超声波检查法　应用B型超声仪在犬妊娠的第7天就可以探测到子宫膨大，第10天可观测到胚胎，在妊娠18天之前很难用B型超声仪准确判断绒毛膜囊。这种检查法的优点是能探测出18～19天后的胎犬，甚至可以鉴别胎犬的性别、数量以及死活。

① 检查前的准备

a. 彻底消毒手术台。

b. 按仪器使用说明书查看仪器设备及其配件是否配套，如有缺少或损坏应立即补充。

c. 仰卧保定母犬。

② 检查的方法步骤

a. 插上B型超声仪的电源插头，启动B型超声仪。

b. 在母犬的腹侧毛较少或剪过毛的区域涂以专用耦合剂，以消除探头与皮肤之间的空气。

c. 将探头置于腹壁上，缓慢移动探头，获取直观、准确的图像，从而判断该母犬是否妊娠。如果在腹壁、腹股沟区域未探测到胎儿，还应该探查腔壁的其他区域。

d. 记录检查结果。

e. 用卫生纸擦去B型超声仪的探头上和犬腹侧的耦合剂。

2. 妊娠犬的护理

母犬妊娠期间需要大量的营养物质供给胎犬的生长发育以及维持母犬自身的生命活

动，合理营养对母犬的健康、保证胎犬的正常发育、防止流产都具有重要意义。

（1）妊娠犬日粮的准备 按照"参考资料"中妊娠犬的营养需要合理配制日粮，有条件的可到宠物市场直接购买专用犬粮饲喂，或者以营养丰富的幼犬犬粮来饲喂妊娠犬。

为了增加妊娠犬的食欲，可为妊娠犬准备一些湿粮(如罐头、妙鲜包等)来调剂口味。如果妊娠犬的营养状况不佳或孕育的胎犬较多，可以在兽医的指导下为妊娠犬补充所需的维生素及微量元素。绝不可饲喂发霉、变质、带有毒性和强烈刺激性的饲料，以防发生流产。

（2）妊娠犬的护理 妊娠期的护理工作十分重要，它关系到整个繁殖工作的成败。妊娠期护理的任务是增强母犬的体质，保证胎犬发育。妊娠期的护理一般分为以下四个阶段进行。

① 交配后1～10天期间的护理

a.母犬对食物的需要量不会明显增加，可以按原饲养方法饲养，每天饲喂2～3次。从发情开始到胚胎附植期间，母犬食物中蛋白质、脂肪、碳水化合物的摄取不应超过机体的维持需要，日粮中适当补充维生素和矿物质可提高母犬的受胎率和窝产仔数。

b.母犬妊娠后，会出现活动减少、性情温顺、睡眠明显增加等现象，应给妊娠犬提供一个安静舒适的环境。

c.喂给妊娠犬充足而洁净的饮水。

d.每天应散步3～5次，每次约20分钟，散步时防止妊娠犬和其他犬接触，要拉好牵引带慢步走。

e.禁止剧烈运动、恐吓、打骂、洗澡或游泳，防止流产。

② 交配后11～30天期间的护理

a.采食量逐渐增加，日粮用量应比妊娠前增加5%～15%。

b.喂给妊娠犬充足而洁净的饮水。

c.加强运动锻炼，每天散步时间大于4小时，以增强妊娠犬体质，促进胚胎健康发育。

d.天气晴朗时，可在上午或中午给犬洗澡。

e.母犬在妊娠后25～30天期间，可采用伊维菌素或阿维菌素驱虫1次，以免感染给胎犬和仔犬，但切勿饲喂过量的驱虫药，以免发生流产。

③ 交配后31～55天期间的护理

a.胎犬发育较快，妊娠犬腹部迅速增大，采食量明显增加，日粮用量应比妊娠前增加15%～30%，每天饲喂3～4次，以保证胎犬健壮、生活力强和初生体重大。

b.喂给妊娠犬充足而洁净的饮水。

c.妊娠犬的食量和水量会增加，排便的次数也会增加，需要每天多带它出去几次。

d.为防止流产，牵犬散步应单独进行，行走要慢，牵引要轻，避免爬坡、跳沟和其他剧烈运动，每次散步时间不超过30分钟。要防止妊娠犬腹部受到碰撞，过度疲劳或突然受到惊吓。特别要防止外界刺激引起的突然乱挣乱跳。

e. 给妊娠犬提供舒适的犬床（舍）。犬窝大小要适度，要通风、保暖。妊娠犬的犬窝应宽敞，防止挤压腹部。同时不要让陌生人接近犬床（舍），以免妊娠犬神经过敏。也不要用手抱，应让其自由行动和休息。犬窝要干燥、温暖、通风良好，冬天注意保温，白天可将犬牵到室外进行日光浴。要调整犬床的围板高度，以免触及腹部。

f. 随着腹部的一天天膨大，妊娠犬的性格会稍有改变，易怒，烦躁，并且更加依赖宠物主人，可能会因为食物不可口、被吵醒或者不被重视而吠叫。应经常陪伴妊娠犬，加强与妊娠犬的感情沟通，通过抚摸安慰妊娠犬减轻其烦躁、嫉妒、恐惧的心理。

g. 妊娠犬膨大的腹部为它自己清理外阴和抬起腿来搔痒也造成麻烦，所以要经常抚摸妊娠犬，保持外阴部清洁，并经常刷拭妊娠犬的被毛，促进表皮的血液循环。

h. 每隔几天用温水和皂液洗涤妊娠犬乳头1次，然后擦干，防止乳头感染。

i. 天气晴朗时，多让妊娠犬晒太阳，可在上午或中午给犬洗澡，保持被毛和皮肤的清洁卫生。

④ 交配后第56天到分娩期间的护理

a. 准备好产箱，在妊娠后56天将妊娠犬移入新环境，否则妊娠犬会不安，导致挠门、嚎叫、分娩起始时间推迟或迟迟不见胎儿排出等情况。产箱的大小应以妊娠犬可自由站立、转身而不干扰新生犬为准。产箱的周壁应足够高，以防止穿堂风，箱的一侧开放，可使妊娠犬出入方便。对有些分娩时需要僻静地点的妊娠犬，其产箱上方应有盖，而有些妊娠犬到即将分娩时更多地需要和宠物主人接触，但无论如何要注意保持产房的安静。如果在分娩时打扰妊娠犬，分娩可延长4小时以上。注意用柔软的碎纸或软棉线布垫床。

b. 妊娠犬腹部由于高度膨大，便逐渐增大的子宫压迫胃肠，导致每次的采食量下降，因此，每天至少饲喂4次，每次都尽量让妊娠犬吃饱，以保证胎儿健壮、生活力强和初生体重大。

c. 喂给妊娠犬充足而洁净的饮水。

d. 停止洗澡，禁用刷子刷洗妊娠犬腹部，将妊娠犬乳房、外阴部周围的长毛剪去，用湿毛巾清洗干净，便于分娩和哺乳。

e. 防止妊娠犬自高处跳跃，严禁接触冷水，防止腹泻。

f. 产箱所在室内的温度应保持在15～23℃，产箱内还应采取保暖措施，用电热器和加热灯都可以，在热源的周围应有足够的空间，以便仔犬能够靠近或远离热源。

g. 检查妊娠犬的牙齿和齿跟，确定是否有牙周炎以及牙垢，应每天用盐和焙过苏打混合后清洁牙齿。

（3）妊娠犬护理的注意事项

① 应供给妊娠犬充足而优质的饲料。在其日粮中应适量加入一些微量元素和维生素饲料添加剂，以促进胎犬正常生长发育。不能喂酸臭霉变的饲料，也不能喂过冷的饲料和冻水，更不能喂有毒的食物，以免刺激妊娠犬的胃肠，引起呕吐和发生胃肠炎，并容易引起流产。

② 妊娠初期，食欲增加，应逐渐增加蛋白质饲料。1个月后适当添加肉类、骨粉、鱼粉。45天后每天加喂一次午餐。临产前，即妊娠56天后，注意减喂1/4的饲料。

③ 妊娠犬生活的地方要宽敞、通风和保暖。地面务必干燥，冬天犬床（特别是水泥地面）要添加垫草，以防流产。

④ 妊娠犬要有适当的运动和日光浴，可促进妊娠犬机体和胎犬的血液循环，增强新陈代谢，保证妊娠犬和胎犬正常健康地发育和妊娠犬正常分娩。

⑤ 注意母犬配种后假妊娠。如果母犬腹部只见增大，而体重没有明显增加，即可能是假妊娠。

⑥ 妊娠犬易受惊，要使妊娠犬安静育胎，应不让陌生人接近犬舍和干扰妊娠犬活动或休息，以免一些妊娠犬神经过敏而流产。

⑦ 母犬妊娠期间要单独管理。

⑧ 妊娠期间，不可进行哺乳，以免造成流产或导致胎犬畸形。

⑨ 妊娠期间，如果发现母犬患病，要及时请兽医治疗，不能自己乱投药，以免引起流产或造成胎犬畸形。

3. 妊娠犬的疾病预防与保健

（1）准备工作

① 妊娠前带母犬的免疫卡、病历到宠物医院做健康检查。

② 对犬粮的卫生质量进行检查。

③ 准备消毒犬床所需的喷雾器、消毒剂。

④ 准备犬体卫生保健所需的食盆、水盆、便盆、刷子、梳子、剪刀、镊子、电吹风、药用棉、棉签、纱布、常用消毒药（来苏尔、新洁尔灭等）、清洁剂、宠物配方浴液、灭螨药、除虫药、2%硼酸、30%碘酊及抗生素药膏等用具和用品。

（2）疾病预防与保健的方法

① 配种前，带母犬的免疫卡、病历上宠物医院，选择一个有丰富经验、负责任的兽医，对母犬做一次疾病检查和健康评估，对于保障妊娠犬的健康十分重要。

② 饲喂营养均衡的食物，提高机体抗病能力，是保证妊娠犬健康的前提条件。随着胎犬逐渐增大，不同阶段的妊娠犬对营养的需求也各有差异，应合理选择营养丰富的犬粮，均衡供应蛋白质、脂肪、碳水化合物、无机盐和维生素，以满足胎犬的发育和妊娠犬自身生长所需。

③ 加强犬床（舍）清洁和犬体卫生护理。犬床（舍）是犬病病原贮存点，因此应定期对床（舍）进行较为全面的清洁和消毒，及时用化学药物或物理的方法杀灭和清除各种潜在的致病原。定期更换床垫，保证床（舍）的干爽、通风。暂时不用的床（舍）等用具，应彻底清洗，经过一定时间晾晒后收藏。经常为妊娠犬梳理被毛，促进妊娠犬的皮肤血液循环，促进季节交替时妊娠犬的换毛和新毛的生长，提高妊娠犬的皮肤抗病力。

④ 保证妊娠犬有足够运动量。运动能促进犬的饮食、消化以及良好的发育，提高犬的抗病力是妊娠犬保健的必需项目。运动还能促进犬定时排便等良好卫生习惯的养成，改善室内卫生条件，也是妊娠犬适应环境、与宠物主人保持良好亲和关系的途径。但应避免剧烈运动，以免流产。

⑤ 定期驱虫。犬蛔虫、钩虫和球虫是犬常见的消化道寄生虫，妊娠犬除每年春、秋季各驱虫1次外，妊娠后25～30天，可采用伊维菌素或阿维菌素驱虫1次，以免感染给胎犬和仔犬，但驱虫药的使用不能过量，以免发生流产。

⑥ 犬传染病的各种预防措施中，疫苗的免疫是最为关键的措施。未进行免疫接种的妊娠犬，应补种狂犬病疫苗、布氏杆菌疫苗、五联苗或六联苗，维持母体高抗体滴度，以便分娩后抗体进入初乳。

一、犬妊娠征候

母犬妊娠后，随着胎儿的生长发育，会出现一系列变化。一般把母犬的这些变化称为妊娠征候。

1. 行为变化

妊娠初期，母犬行为上没有什么特殊变化；过初期以后则表现为行动小心谨慎，喜欢在暖和的地方趴卧；妊娠后期，则表现为易疲劳；临近产仔时，出现筑巢行为。妊娠犬也会出现母性化的表现，如活动减少、性情温顺等。妊娠犬的睡眠会明显增加，应提供一个安静舒适的环境，保证它的睡眠质量。

2. 体重和腹围的变化

妊娠前期，母犬食欲上没什么变化；妊娠20天左右，多数犬食欲减退，甚至出现呕吐现象；妊娠1个月后食欲增加；但到分娩之日时，母犬完全无食欲，分娩后才逐渐恢复食欲。母犬在哺乳期食欲最旺盛，母犬体重的变化与食欲变化相一致。多数犬在妊娠1个月以后腹围开始逐渐增大，至妊娠55天时增至最大。母犬的体重会因胎犬的数量出现不同程度的增长，它的行动也会因此而变得不如以前灵活，要尽量防止它从高处跳下或跳越障碍物，以免发生意外。另外，母犬膨大的腹部为它自己清理外阴和抬起腿来搔痒也造成麻烦。母犬的食量和饮水量会一同增加，排便的次数也会增加。50天后在腹侧可见"胎动"。

3. 乳房和外阴部的变化

母犬妊娠20天后，乳房逐渐增大；30天后乳房下垂，乳头膨大，呈粉红色，富有弹性。哺乳后的乳房变得柔软并一直保持此这种状态至断奶。母犬配种后1周左右，外阴部恢复原状。妊娠犬在整个妊娠期，外阴部都处于肿胀状态，分娩前肿胀更加明显，分娩后才逐渐恢复原状。

4. 妊娠犬的情绪变化

在母犬怀孕期间需要给予它更多的关注，并加强与它的感情沟通。因为在这段特殊的日子里，有些犬性格会稍有改变，易怒、烦躁，并且更加依赖宠物主人。它可能会因为食物不可口、被吵醒或者不被重视而吠叫。在母犬怀孕期间，最好对它倍加呵护。

二、妊娠犬的营养需要

妊娠犬的营养需要表

推荐日粮营养成分（按干物质计算）		与未妊娠状态相对比的食物消耗量/%	
蛋白质/%	20～40	妊娠	
脂肪/%	10～20	1～3 周	100
钙/%	1.1	4～6 周	100～125
磷/%	0.9	7～9 周	125～150
维生素A/国际单位	5000～10000	哺乳	
维生素D/国际单位	500～1000	1～2 周	150～200
维生素E/国际单位	50	3～4 周	200～300

三、犬的分娩预兆

1. 体温变化

妊娠犬在临产前3天左右体温开始下降，正常的直肠温度是38～39℃，分娩前会下降0.5～1.5℃。当体温开始回升时，表明即将分娩。

2. 食欲和行为变化

妊娠犬分娩前2周内乳房膨大，乳腺充实，阴道黏膜潮红；分娩前2天，可从乳头挤出少量乳汁；分娩前数天，外阴部逐渐柔软、肿胀、充血，阴唇皱襞展开；分娩前24～36小时，妊娠犬食欲大减，甚至停食，行为急躁，常以爪抓地，尤其初产妊娠犬表现更为明显；分娩前3～10小时，妊娠犬开始出现阵痛，坐卧不宁，常打哈欠，张口呻吟或尖叫，呼吸急促，排尿次数增加；臀部坐骨结节处明显塌陷，外阴肿胀。如见有黏液流出，妊娠犬不断舐外阴部，说明数小时内就要分娩。通常分娩多在凌晨或傍晚，在这两段时间内应特别注意加强观察。

Ⅲ 老年犬的护理

准备工作

1. 动物 8～12岁老年犬每组各一只。

2. 工具与药品 体温计、听诊器、秒表、犬用牙膏牙刷、纱布、耳毛钳、吹风机、犬窝、脱脂棉球、医用酒精、针梳、开结梳、洗澡设备、犬专用浴液、趾甲钳、营养添加剂（钙片、复合维生素等）、老年犬服装、老年配方犬粮。

操作方法

1. 常规检查

对老年犬只进行常规检查，测量犬的三大生理常数：体温、呼吸、脉搏。

2. 刷牙

给犬刷牙，注意观察牙齿是否健康。如果已经形成牙石，就应到宠物医院洁牙。但老年犬麻醉时对肝、肾都有影响，因此洁牙不要过于频繁。如牙龈已发炎，应尽快就医。

3. 清洁护理

定期给老年犬梳理被毛，梳理过程中可以检查它的身体有无包块、淋巴是否肿大、皮肤是否健康。注意梳理的力度要适当，既要起到按摩的作用又不能用力过大。给老年犬洗澡不能时间过长，也不能用烘毛机。

4. 创造舒适的生活环境

（1）选择合适的犬窝　　挑选适合老年犬用的犬窝，柔软舒适。

（2）选择合适的服装　　选择纯棉质地的衣服，以减少静电的产生，从而减少被毛的脱落。

（3）创造安静的环境　　老年犬需要稳定、有规律、慢节奏的生活，不要轻易改变它的作息时间。犬睡觉的时候，不要打搅和惊吓它，让它充分地休息。由于老年犬的感觉比较迟钝，抚摸它之前应该先轻声呼唤它的名字，让它对主人的到来有个思想准备，免得受到惊吓。在院子里开车停车时一定要事先检查一下犬是否在车的附近，因为它的反应比较慢，可能会无法及时躲避危险。

5. 合理运动

老年犬身体老化，一些重要器官会逐渐衰退，活动量会减少，不应做剧烈运动，如登山、奔跑、游泳等，日常散步即可满足它的运动需求。不要强迫它持续地运动，应给它机会，自己决定是继续活动还是停下休息。

6. 营养保健

（1）老年犬的食物要松软、易消化、高钙、低磷、低盐、含有优质蛋白质和适量纤维素，建议选用质量可靠的老犬专用狗粮。

（2）对于患有某些疾病的犬，应选用相应的专业处方粮。

（3）自配日粮在食谱中适当增加一些肉类、鱼类、蛋类、蔬菜等，并注意维生素A和钙的补充。

（4）老年犬运动量减小，饭量也随之减小，消化能力降低，因此在喂食方法上可以采取少量多餐制，减轻老年犬的肠胃负担、保证营养充分吸收。

（5）注意供应充足、清洁的饮水。

（6）老年犬由于消化能力下降，嗅觉也变得迟钝，会比较挑食，这种情况下宠物主人在配制犬粮时应注意美味与营养并举，千万不能放纵它的挑食。

（7）犬进入老年后，应通过宠物专用的补钙药品适量、持续地补钙。

（8）过度肥胖的犬会使心脏负担和骨骼负担过重，必须减肥。

（9）老年犬容易发生便秘，应适当增加蔬菜的摄入。老年性便秘可用乳果糖、杜秘克治疗，用量为每2.5kg体重1mL。但如果是前列腺肥大等疾病引起的便秘，则应请医生治疗。

7. 定期体检

定期请兽医为老年犬体检，会及早发现身体异常，及早治疗。而且兽医还会对老年犬的饮食提出合理建议，根据老年犬的身体情况制定更合理的饲喂方法。例如，患有肾病的犬只，应减少磷及蛋白质的摄取量；患心脏病的犬只，应减少盐的摄入；患有颈椎病的犬只，进食时低头困难，则需要将食盘放到一个便于进食的合适高度。

注意事项

1. 测量生理常数时，要使犬保持相对平静的状态，以保证测量数据的准确。
2. 吹毛时，应该注意不要发出过大、刺激的声音，以免使老年犬受到惊吓。
3. 护理老年犬要有耐心、细心。
4. 老年犬容易产生孤独感，宠物主人应增加陪伴的时间。

参考资料

一、老年犬的生理特点

犬8～9岁时就进入了老年，一般犬的寿命在12～15岁，而猎犬及其他一些杂交犬寿命会更长。

（1）皮肤变得干燥、松弛，缺乏弹力，易患皮肤病，脱毛增多，被毛稀疏。

（2）毛发颜色发生变化，从前漂亮的颜色慢慢变得灰黄，甚至有白毛出现。

（3）牙齿发黄，硬度变低。

（4）消化能力下降，采食量减少。

（5）听力和视力也明显下降。

二、老年犬的常发病

1. 白内障

老龄犬的眼睛看上去有些混浊，可能是白内障的征兆（晶状体不透明），一般这种病发展速度很慢，没有药物可以将白内障移除或恢复到正常。为了恢复视力，必须通过外科手术的方法摘除。

2. 耳聋

随着岁月的流逝，犬也会被耳聋所折磨。例如，当主人在较远处呼唤时，犬反应迟钝，像没有听见一样，不像以前那样马上跑过来。犬超过10岁后耳聋尤为严重，有约1/10的犬会发生，而到了14岁以后发生的几率会增加到1/6。

3. 精神异常

目前，老龄犬的精神异常已成为兽医师与爱犬主人的新挑战。随着犬寿命的延长，这种精神疾病变得更为普遍。犬的常见精神异常现象之一是"老年分离忧郁症"，通常犬在半夜里突然醒来，开始吠叫和喘气，出现明显的忧伤迹象。

4. 肿瘤

犬患了肿瘤后，对其做常规的外科切除手术会因为出血过多或被感染而危及生命。现在用冷冻手术，即用专门的针头把冷冻液氮涂在肿瘤上，把它同周围健康组织隔离开，不需要解剖刀。

5. 肾衰竭

肾衰竭是导致老龄犬死亡的主要原因之一。一般情况下，肾脏损伤75%以上才会表现出明显的症状，所以肾病一旦发现就是晚期。肾衰竭最明显的迹象是水分摄入量明显增加，尿液量也相应增加。有些身体所需的营养成分，如B族维生素等，可能会随尿液的排出而流失，导致缺乏症。此外，体内钙的吸收也受到影响。老龄犬肾衰竭的另一个明显迹象是口臭，当然牙齿疾病也会导致这种现象发生。

6. 牙齿疾病

牙齿疾病可影响所有年龄的犬，但更常见于年老的个体。如果牙垢在牙齿上积聚，牙龈可能会发炎，牙齿的附着开始不牢固。因为牙龈被腐蚀，细菌容易侵入牙齿根部，引起牙肉脓肿，引发剧烈的牙痛，影响进食。

7. 膀胱结石和下泌尿道结石

结石是老龄犬的又一高发病，与食物和感染有关。发病时，患病犬排尿困难，尿淋漓，甚至无尿，膀胱中常充盈尿液，X线检查可确诊结石的位置、大小与数量，需要麻醉后实施导尿、冲洗尿道，甚至手术取出结石。为了避免或延缓结石的发生，正确为犬选择食品并进行定期尿检是必不可少的。

8. 肝硬化

肝硬化是一种常见的慢性肝病，可由一种或多种原因引起肝脏损害，肝脏呈进行性、弥漫性、纤维性病变。具体表现为肝细胞弥漫性变性坏死，继而出现纤维组织增生和肝细胞结节状再生，这三种改变反复交错进行，致使肝小叶结构和血液循环途径逐渐被改变，使肝变形、变硬而导致肝硬化。主要表现为乏力、精神沉抑、消瘦，有的可见色素沉着。

Ⅳ 住院犬、猫的护理

准备工作

1. **动物** 患病需住院治疗犬只每组各一只。
2. **工具** 听诊器、体温计、病历本、诊疗记录板、喷雾器、消毒液、扫把、（吸水

拖把、狗笼、伊丽莎白项圈、保温灯、被子、注射器、输液器、压脉带、消毒棉、雾化仪、电镜等。

操作方法

1. 与住院宠物沟通交流，建立互相信任的关系
2. 做好隔离工作，防止住院犬、猫的交叉感染

（1）增强抵抗力　对患病动物加强营养，增强抵抗力，早日治愈出院，减少感染机会。

（2）治疗期间工作　充分发挥主观能动性，切断传播途径，消灭传播媒介。入住前，笼舍必须严格消毒，必须将双手清洗消毒后接待患病动物。治疗期间笼舍必须保证清洁，每日打扫，定期更换或消毒各种物品。要保持住院动物的清洁卫生，及时清污，病室内要保持清洁卫生，勤扫地、勤拖地，要给病室地面喷洒消毒水。经常开窗、通气，保持空气新鲜。要及时清理排泄物，减少呼吸道疾病感染的机会。餐具、水瓶等物品要专用，勤倒勤洗，并经常用消毒液进行处理。大小便不要污染池外，饭前要对餐具严格消毒，食物来源洁净，避免消化道传染病发生。

（3）工作人员要严格遵守工作规范　医生、护士要少串病房，治疗室以外的一切物品都可视为污染源，尽量不要去接触，如无法避免时，接触后要用肥皂认真洗手。不要乱用药物，慎用抗生素。

（4）陪护人员应严格遵守陪护制度　与患病犬、猫有任何接触，都要严格消毒。患病动物在医院用过的物品在未彻底清洗之前不要拿回家。探视患传染病的动物时，最好要穿消毒隔离衣和隔离鞋，戴上口罩。探视术后动物前最好不与医院其他物品相接触，不得喂饲被污染的食物，探视时不得碰触伤口而使伤口污染。不得带住院动物到未经允许的地方遛。宠物主人及陪护人员均不得在治疗室吃东西和吸烟。

（5）避免外伤　绝对不可在输液、遛狗等情况下让好斗患犬打斗，致使好动患犬易摔伤或走失。

3. 建立住院病历档案

要建立病历档案，检查身体，观察和记录住院宠物的生理参数。

（1）确定住院需住院的犬、猫由医生下达医嘱同意住院。

（2）办理住院手续

① 填写住院卡，住院卡注明以下内容。

a. 宠物主人的基本情况，如姓名、地址、通讯方式等。

b. 宠物的基本情况，如昵称、品种、特征、性别、年龄、体重和饮食习惯等。

c. 宠物病情的基本情况，如体征、病程、症状、（曾）用药情况、（曾）治疗情况等。

d. 必须注明住院动物的科室，传染病科患病动物要防止病源外传，外科手术动物要说

明是生理性手术动物还是病理性手术动物。

　　e. 病情监控等级。

　　f. 注意事项。

② 预缴住院费。

③ 明确主管医生及护理人员。

（3）**身体检查**

① 常规检查　包括体重、体温（图5-4-1）、脉搏数、五官、皮肤、肺（呼吸）、心律（图5-4-2）、腹部、生殖器、肛门腺和精神状态等。

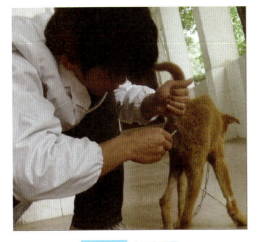

图5-4-1　体温测量

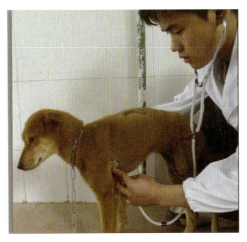

图5-4-2　听诊心律

② 专项检查　包括常规检验、专项检验等。

4. 掌握肌肉注射或皮下注射给药技术

图5-4-3和图5-4-4，监测静脉给药，并保持静脉通路畅通。肌肉注射时部位要正确，避开神经与血管。静脉注射时最好守护在患犬身边，注意观察。

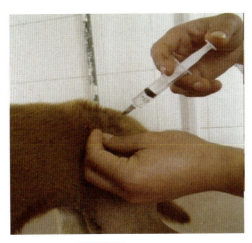

图5-4-3　肌肉注射

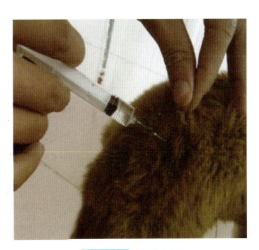

图5-4-4　皮下注射

5. 术后围手术期护理

术后围手术期指手术结束后24小时内。不论是生理性手术还是病理性手术都要加强术后围手术期护理，且需注意以下事项。

（1）**苏醒**　吸入麻醉苏醒快，且麻醉时间和强度更易精确地控制，对动物的生命威胁低。

（2）**上眼药膏**　宠物麻醉后要滴眼药水或上眼药膏。而眼药水滴入眼睛后会很快流失或是蒸发，需要重复多次地使用，比较烦琐，因此推荐用眼药膏。

（3）**术后体位**　术后让动物侧躺，颈部保持伸直，这样的体位能使动物身体舒展和呼吸道畅通，避免呼吸困难，导致窒息。使用吸入麻醉，可以完全避免术后苏醒期间窒息的危险。

（4）**术后排尿**　术后排尿说明肾功能正常。一般手术后12小时内肯定要排尿，若尿量不足，则说明问题很严重。病重的动物或是脱水重的动物，在麻醉后没有输液，也没有监护，导致血压下降、肾灌注量不足，出现急性肾衰，继而就会出现无尿或少尿的现象，处理不好就会危及生命。因此术后观察是否有尿排出是很重要的。

（5）**观察呼吸频率及心肺功能**　有些动物麻醉后会出现肺水肿，其症状是呼吸频率加快，呼吸困难，嘴部发紫，严重时鼻腔流出血性的黏液。此时应立即与医院取得联系，并进行抢救。因此要注意监控呼吸频率和心肺功能，建议术后住院观察24小时再接走，一般术后24小时后再出现这种情况的可能性非常低。

（6）**体温监测**　麻醉后，动物的体温都会出现不同程度的下降，因此在冬天特别需要注意保温，尽量让动物的体温维持在38℃左右。

6. 日常住院管理

（1）**医嘱**　住院犬、猫的处方、医嘱由主管医生下达；病区负责人落实。

（2）**监控**　可运用诊疗记录板提醒和指导对住院动物的护理工作。一般病例每日由责任助手监控体征，每天分早中晚三次监测；危重病例遵医嘱执行。

（3）**紧急情况处置**　住院犬、猫出现异常情况由病区负责人首先安排紧急处置，再报呈主管医生或值班医生处理。病情、处置方案和结果必须完整记录。

（4）**食物管理**

① 住院犬、猫的食物由主管医生确定品种、数量、喂食方式和喂食时间等；饮水如无特殊要求由病区负责人安排。

② 每天的食物一般由处方粮、干粮等为主，一般不安排煮食。

③ 所有住院犬、猫的食物由管理人员统一按照主管医生的医嘱签单配发，其余人员不得擅自改变。未食完的食物经管理人员核实后统一处理。

（5）**清洁卫生**

① 入住前笼舍必须严格消毒。

②笼舍必须保证清洁，每日打扫，定期更换或消毒各种物品。

（6）遛狗　轻病或恢复期的犬可遵医嘱外出遛走，但有经呼吸系统传播疾病的犬禁止遛狗。

（7）出院　治疗后痊愈或康复阶段的犬、猫，经主管医生和管理人员二人共同签字后允许出院。

（8）预后不良或死亡病例的处理　预后不良或死亡病例应及时通知宠物主人，资料存档。

注意事项

1. 严防被患病动物咬伤。
2. 对医嘱充分理解后方可实施，严禁擅自行动。
3. 住院犬、猫的护理因其行业的特殊性，需谨慎对待宠物主人与患病宠物。

参考资料　常用仪器的介绍

1. 雾化器

（1）将雾化器平置于盛水容器中，然后在容器中注入干净的水，直至水面超过雾化片50mm左右（也就是水位应超过门字形或1字形的感应头0.5～2cm为宜）。

（2）连接雾化器与变压器的电源线，再将变压器接通电源（注意变压器的输入电压必须与当地使用电压相匹配），雾化器上的LED指示灯发出亮光，表明雾化器处于运行状态，同时开始制雾和产生小喷泉，无LED雾化机芯则直接产生水雾。

（3）雾化器具有自动断水保护功能，如水位低于感应器，雾化头会自动停止工作，长时间干烧会损坏雾化器。

（4）注意：平均雾化量≥0.26c.c./分钟；雾化粒子均匀，确保进行喷雾治疗时微细的药液颗粒有效深入上呼吸道，以利于毛细血管的吸收，得到最佳治疗效果；尽量选择低噪音的雾化器，降低患病动物的恐惧与不安感，若雾化器噪音很大，应该先使宠物适应此种噪音后再开始雾化。

2. 光学显微镜

（1）在低倍镜下找到观察目标，中、高倍镜下逐步放大，将待观察部位置于视野中央，调节光源和虹彩光圈，使通过聚光器的光亮达到最大。

（2）转动粗准焦螺旋，将镜筒上旋（或将载物台下降）约2cm，加一小滴香柏油于玻片的镜检部位上。

（3）将粗准焦螺旋缓缓转回，同时注意从侧面观察，直至油镜浸入油滴，镜头几乎与标本接触。

（4）从目镜中观察，用细准焦螺旋微调，直至物象清晰。

（5）镜检结束后，将镜头旋离玻片，立即清洁镜头。一般先用擦镜纸擦去镜头上的香

柏油滴,再用擦镜纸蘸少许乙醚-酒精混合液(2∶3)擦去残留油迹,最后再用干净的擦镜纸擦净(注意向一个方向擦拭)。

(6)还原显微镜。关闭内置光源并拔下电源插头,或使反光镜与聚光器垂直。旋转物镜转换器,使物镜头呈八字形位置与通光孔相对。再将镜筒与载物台距离调至最近,降下聚光器。罩上防尘罩,将显微镜放回柜内或镜箱中。

拓展技术　宠物美容店的经营管理

 准备工作

可供参观的宠物美容店3家以及笔、纸、绘图工具等。

操作方法

1. 市场调查与选址

（1）**市场调查**　通过市场调查等手段明确经营定位、经营项目，包括以下几个方面。

① 行业发展状况。

② 本地区适合什么经营项目。

③ 哪些地段、哪些项目有拓展的空间。

（2）**选址**　宠物美容店的位置宜选择在闹市区、居民社区或专门的动物市场，并要综合考虑以下其他多种因素。

① 选址之前首先要调查服务区域人口情况和目标顾客收入水平。

② 同时调查周边宠物数量、同行竞争情况，理想的位置是没有竞争或竞争对手比较弱的地区。

③ 分析周围商家特点、房屋租金、合同期限、人口变动趋势及有关的法律法规等；考虑交通条件是否便利，周围设施对店铺是否有影响等。

2. 确定经营项目

（1）**洗澡**　洗澡是宠物犬、猫最普遍，也是最主要的日常护理项目。

（2）**美容**　美容是宠物美容店的招牌服务项目，美容技术的好坏可直接影响店铺的经营。优秀的美容师不但要掌握常见犬种的经典造型设计，还应该掌握多种风格的造型设计技巧，通过不同修剪技巧与包毛、染色等技术的综合运用设计出个性突出、时尚前卫的宠物造型。

（3）**宠物用品销售** 宠物用品的种类繁多，大致可分为衣、食、住、行、玩五大类。

① 宠物服饰，如冬装、夏装、个性装、唐装、运动休闲装、帽子、领巾、项圈等，可自行设计，也可量身定做。

② 宠物食品，这是宠物消费的主要项目，店铺在经营宠物食品时应选择质量上乘、品牌悠久的犬粮，供应不同口味、不同规格的产品，同时要不断更新。根据顾客需要提供单犬种专用犬粮或处方粮，以及各种零食、饼干、罐头等。

③ 宠物保健用品，适合高消费宠物群体，店铺可根据周边客户消费潜力设置不同种类，如补钙产品、亮毛产品、关节保护产品等。

④ 宠物住、行方面的用品，主要包括狗床（窝）、牵引绳、运输箱等。

⑤ 各种宠物玩具，如发声玩具、毛绒玩具、结绳玩具、漏食球等，也是常见宠物用品。

（4）**保健护理** 护理师可用不同手法，也可选用宠物按摩器或理疗仪，对健康或患病犬只各部位肌肉和关节进行按摩。

（5）**宠物寄养** 宠物店需要与犬主签订寄养合同，提供让顾客放心、满意的寄养环境与日常护理。

（6）**犬只交易** 宠物店可利用丰富的客户资源与销售渠道，给顾客提供不同犬种的活体买卖交易，也可开展优良犬种的配种业务。

（7）**宠物摄影** 宠物店可根据不同犬只个体设计拍摄写真、艺术照、家庭生活照等业务；对于一些种犬或赛级犬，也可将照片用于商业推广或宣传。

（8）**婚丧嫁娶** 主要包括殡葬与配种业务。宠物美容店可在动物检疫部门或卫生部门许可的前提下开展殡葬业务，如土葬（图6-1）、火葬及网上设置灵堂等形式。

图6-1 宠物土葬

3. 选择经营模式

对于从事宠物美容业的人来讲，除了拥有扎实的技术功底、高昂的创业激情之外，选择合理的经营模式也是创业成功不可缺少的关键因素。

（1）**依附宠物医院开店**　这种经营模式的特点在于以下两点。

① 有充足的客源，并为顾客提供便捷、可信赖的服务。

② 省却选址、找客源、待认可等诸多发展阶段，同时犬主也会把对诊所的信任转移到美容业务上，使美容业务大大提升。

（2）**加盟宠物连锁机构**　一般而言，好的宠物美容连锁品牌不仅具有较高的知名度和影响力，而且在技术、管理和加盟服务方面也有保障。目前国内已有运作成熟的宠物美容加盟品牌，不但为加盟商提供周密的开店计划，而且也会提供人员、技术和管理上的支持。

（3）**独立经营开店**　如果资金、实力足够扎实，入行较早，又有商铺运作经验，则可以选择独立经营开店。但即使经验丰富，开店之前也需要做细致、深入的调查、选址。独立经营开店对选址有较高的要求，位置的好坏甚至可以直接影响店铺的生存。一个具有竞争力的宠物美容店还要有一套成熟的经营理念与管理手段。

（4）**开网店**　将宠物美容店开在网上，是较为时尚而且简单的经营方式。可以通过技能展示视频、美容效果图让顾客认识、了解美容师，然后电话预约，上门服务。这种模式节省了房租、水电等管理费用，价格相对低廉，时间较灵活。

4. 装修与起名

（1）**店面的装修**　装修风格的不同，会吸引不同群体的客户，进而影响产品及服务的价格。装修风格要具有以下特点。

① 具有高档消费群体的店铺，装修要豪华、奢侈而又温馨、时尚。

② 室内的装饰应以亮色为主，整体明亮的色调会让人本能地产生好感。

③ 一个美观、醒目的门面设计会给顾客留下深刻而美好的记忆，用于展示美容效果的橱窗也要具有吸引力。

④ 门厅处挂一副美容师的工作照片、赛场图片或获奖照片，会有很好的推广与宣传作用。

店内设计要考虑不同的分区，一般宠物美容店可包括接待区、美容区、洗梳区、寄养区、用品销售区、成果展示区等，店主可根据自己店面大小与规模实力设计不同的区域。

（2）**美容店的命名**

① 以能体现行业特色，彰显美容师的个性为目的。

② 简洁、响亮、新颖、朗朗上口，并能启发人们美好联想的名字为佳。

③ 可冠以形象设计室、美容工作室、美容会所、美容保健中心等名称，也可选择与宠物有关的充满人情味的名字作店名，以引起顾客的认同感与归属感。

5. 办理开店手续

开设宠物美容店一般可参照以下办理程序，具体办法应咨询当地办证机关。

① 持本人身份证、美容师上岗证或技术等级证、房屋产权证或租赁合同，到当地卫生行政部门办理卫生许可证。

② 持卫生许可证、身份证、房屋产权证（合同租赁证）或其他有效证件，到当地公安部门办理特殊行业许可证。

③ 持卫生许可证、特种行业许可证、身份证等有效证件，到当地工商行政部门办理宠物美容服务营业执照。

④ 持营业执照正副本、有效印章和其他证件，到当地税务部门登记领取税务发票。

6. 经营技巧

（1）提升美容店人气的技巧

① 做好技术，让顾客满意　要吸引顾客，必须有自己独特的美容技术，即使没有独特的技术，也要比同行做得更加规范、动作更加娴熟、更加优美。对于初开张的店铺，可以采取一些经营手段，如街面现场操作、美容作品、获奖作品、图片展示等。

② 做好服务，建立良好的客服关系　顾客进店之后，员工要积极与之沟通，通过亲情式的交流掌握宠物的名字、喜好、性情等重要信息。在进行梳理、洗澡、局部修剪的时候，可通过抚摸、与宠物对话等来消除宠物的紧张与焦虑，同时也让宠物主人放心，并给予店员充足的信任。

③ 做好宣传，开发客户资源　在店铺门口、周边路口、大型住宅区、商场出口等人员密集或宠物数量多的地方派发传单，让人们了解宠物美容店铺的经营项目与特色服务。

参加行业内举办的各种活动，向同行展示自己的经营实力；参加省、市级甚至国家级别的犬展、宠物秀以及各种赛事，让业内认可自己的实力。

在周边住宅小区举办各种爱犬、养犬知识的宣传活动，借以提升品牌关注度。

（2）制定严格的管理制度

① 卫生与消毒制度。

a. 每天早晚对各个区域进行彻底清扫，犬只美容过后及时清理毛发及其他物品，定期更换、清洗工作衣。

b. 定期对美容工具、美容室、护理室、寄养室等进行消毒。

c. 不同物品应采取正确的消毒方法。如对于剪刀类美容工具，一般选择酒精消毒；常用毛刷、梳子、毛巾、工作衣等，可选用新洁尔灭、84消毒液进行浸泡消毒，或者煮沸消毒；洗澡池、地面、狗笼、美容台等可选用84消毒液进行喷洒；另外，可安装紫外灯，定期对室内照射消毒。

② 宠物接待制度　对于来店洗澡、美容的宠物，店铺应制定严格的接待制度，给予宠物全面的检查，以免发生意外或传播疾病。工作人员应重点检查传染病、皮肤病以及外伤的可能性。

a. 观察鼻镜是否干燥，鼻腔、眼睛、尿道、肛门等处有否脓性分泌物。

b. 观察犬、猫的体质状况，判断呼吸、心肺功能是否正常。

c. 检查体表有无红肿、结痂、瘙痒或跳蚤、虱子等体表寄生虫（如需除虫，应提前向宠物主人说明）。

d. 检查体表有否出血、挫伤等开创性伤口。

上述检查如情况确实，应建议主人咨询兽医或到诊所就医，以最大限度地保护宠物的健康与福利。

③ 犬只寄养制度　见"参考资料"。

④ 员工管理制度　这是对员工行为规范及准则作出的规定，也是检查工作的依据。为了保证美容店各项工作的顺利进行，开店之初，美容店就应该根据工作岗位对服务项目、岗位责任、考勤制度、日常行为规范、奖励制度、处罚制度等作一套完整的规定，比如上述消毒制度、宠物接待制度等规定，应以文字形式张贴公布。员工一旦出现违规行为，要有明确的处罚措施。

（3）宠物用品销售技巧

① 产品展示技巧　不同类别的产品，在摆放陈列时有以下特点。

a. 畅销商品　此类产品应陈列在重要、醒目、易见的位置，可添加"店长推荐"或"畅销产品"标识。

b. 高利润商品　可选择摆放靠近畅销品或位置醒目、方便易取的地方，如作为橱窗展示或墙面展示的重点，并明确产品的用途、特性及对消费者带来的利益与价值。

c. 促销及广告产品　必须易找且方便取拿，有清楚、醒目的促销标识。同样，陈列的位置将直接影响产品的销售。

d. 滞销产品　此类产品归类陈列，以不占用畅销品、高利润产品的重要位置即可。

e. 普通产品　可将此类产品分门别类陈列，店员要时常调换此类产品之间的陈列位置，定期检查标签有无脱落，有无灰尘、污损，保持货架上产品的清新整洁，以免被顾客误认为过期滞销商品。

② 销售技巧　从推销心理学的角度来看，顾客的消费行为一般可分四个阶段：注意阶段、产生兴趣、产生欲望、行动阶段（即付诸消费行动）。

销售可从吸引顾客眼球开始，从美容店外海报的宣传到店内活动方案的介绍，以及新品展示、营造节日氛围等，来提升宠物主人的关注度。

顾客进美容店之后，工作人员要耐心回答、解释顾客关于产品的问题，可将不同种类的物品用途、功效与宠物实际需要结合介绍，比较与同类产品的差异以及将来给宠物带来的好处。工作人员可采取一些小技巧来促使顾客完成消费行为，如热情帮助顾客挑选、给顾客"二选一"的提示等各种技巧，最终促成购买行为。

（4）业务拓展与经营创新

① 开拓新业务　宠物美容店在经营过程中，除传统项目如洗澡、美容与用品销售之外，还要根据市场需求积极拓展新的业务。如根据美容师技术优势开展宠物美容培训班，传授修剪技艺；开展宠物训练课程，培养宠物定点大小便，学习日常玩耍的简单口令；开

展宠物寄养、犬只交易、婚介服务等业务，并可根据自己的情况酌情增加，尽量做专一而又专业的项目，以增强市场竞争力。

②经营创新　为了在激烈的市场竞争中生存，经营者都要进行诸如技术、销售、服务、产品等各个方面的创新。在造型设计中，除了传统经典造型之外，美容师可以修剪更个性、更具特色、更富有亲情以及更时尚的另类扮妆，以吸引顾客。在营销手段上，可采取促销模式、会员卡制度、积分活动等优惠政策，定期推出促销产品、打折产品、特色产品，定期举办宠物知识讲座与宠物用品宣传，节假日进驻小区进行爱宠活动等。

宠物美容服务虽然是与人打交道，但对象却是犬、猫，因此在经营当中可以多加入一些犬、猫参与的活动，如举办狗狗秀展、狗狗趣味赛等，以拉近与客户的距离，获得消费者的认同。

（5）公共关系的维护

要想把宠物店经营好，经营者要处理好以下几个公共关系。

①与客户之间的公共关系　建立宠物与客户详细档案，记录每次来店消费项目，了解顾客对宠物服务的需求动向，掌握顾客对宠物美容店服务的信息反馈，如服务项目、价格、造型要求、管理水平等。将店里的促销经营、优惠活动等信息及时通知顾客，保持与消费者的良好沟通与互动，提高顾客满意度与对宠物美容店的忠诚度。

②经营者与员工之间的关系　工作中应当赏罚分明，纪律严明，认真但不刻板，制造轻松、快乐而又严谨、负责的工作环境。生活中关心员工、爱护帮助员工，创建一个协作、自律、上进、创新的团队。

③宠物店与政府有关部门的关系　美容店常与工商、税务、公安、街道、卫生、城管、水电等部门有着密切的联系，因此，一定要处理好这些公共关系。

④宠物店与周边商家及公众的关系　搞好美容店与周围商家和公众之间的关系也是至关重要的。要处理好宠物可能扰民的问题，保持好美容店周围的卫生以及周边环境的整洁，避免因宠物店的工作而干扰邻家商铺的买卖。

⑤美容店与同行的关系　保持与同行之间的联系，积极参加业内活动，互相学习、相互提高，并及时了解行业的新进展。

一、宠物寄养

1. 寄养程序

（1）宠物体检　体检项目包括身体检查（体温、体重、眼、耳、口、鼻、皮肤、骨骼）、生化检查、皮肤病检查、血常规检查、粪便检查、尿常规检查等。

（2）签订寄养协议

（3）建立宠物档案　详细登记宠物的姓名、年龄、品种、体重、健康状况、生活习惯、宠物主人联系方式等情况，建立宠物档案。

（4）宠物管理

① 饲喂　美容店提供犬粮，一日两餐，也可根据宠物需要另外配餐或由犬主自带食物；饮水每天更换两次，每日清洗并消毒。室内饲养，恒温18℃左右，一只宠物配备一个笼子。

② 宠物清洁与美容　犬只到达与离开寄养店时，分别做1次清洁与美容护理。对于寄养时间较长的犬只，夏季应每周做1~2次清洁与梳理，冬季每两周做1次清洁与梳理。

③ 运动　每天户外运动0.5~1小时，亲近大自然，晒日光浴，呼吸新鲜空气，有助于培养其良好的性格，防止宠物因离开主人而患焦虑症或抑郁症。

（5）电话回访　宠物寄养结束后1~2周，应电话回访宠物回家后与主人的亲密程度以及回到家庭后的适应情况，包括宠物的饮食、宠物大小便的情况，及对本店服务的满意度及建议等。

2.寄养协议举例

寄养协议

甲方（宠物委托寄养主人）：_____　　乙方（宠物代养方）：_____

地址：_____　　地址：_____

电话：_____　　电话：_____

寄养宠物情况：_____　　宠物名字：_____

年龄：_____　　性别：_____

身体是否健康：_____　　宠物自身价值：_____

其他（发情期、怀孕、免疫等）：_____

乙方为甲方提供有偿的临时宠物寄养服务，甲方将宠物交由乙方临时寄养，寄养时间为：_____年_____月_____日_____时至_____年_____月_____日_____时。

甲乙双方经友好协商，就宠物临时寄养事宜达成以下协议。

一、寄养时间宠物到期的领取及续约

1.寄养时间：寄养宠物按每日18:00为1日计费。

2.领取：寄养到期时，甲方本人应按时取回其宠物。宠物主人不能到场应有委托书、主人证件及经办人证件取回其宠物。

3.过期：寄养到期，如果超过次日18:00，则按1天价格收费。

4.续约：寄养期满，如甲方提出继续寄养，将优先享有续约权。但须在3日内把寄养费用补齐。

二、收费标准

三、甲乙双方的权利和义务

1.甲方委托寄养的宠物应该在乙方得到合理的饮食、住所、日常养护和健康保障。

① 食物——为寄养宠物提供均衡营养，辅以洁净的饮水。甲方最好能为宠物自带一些它喜欢口味儿的食物。

②居住——为寄养宠物提供阳光充足、通风良好的居住环境，并保证有适当的活动空间及充足的运动量，采取严格的隔离措施，避免宠物互相传染疾病。

③排泄——为寄养宠物提供洁净、卫生的室内如厕条件，并且每日清理和定期消毒。

④卫生清洁——为寄养宠物定期洗澡、皮毛梳理、修剪指甲、清理耳朵和眼睛等，保证体表卫生。

⑤信息反馈——甲方可对寄养宠物进行不定期回访；乙方应向甲方提供寄养宠物信息。

2.甲方应为乙方在寄养宠物期间提供必要的咨询和协助。

3.如宠物在寄养前健康已出现了问题，甲方应承担寄养后宠物的医疗费用；如健康的宠物在寄养期间出现健康问题，费用则由乙方承担（承担费用不超过每月寄养费用的2倍）；如寄养期间宠物出现丢失或意外（非疾病）死亡，责任由乙方承担；如因为宠物自身健康原因或者医疗事故死亡，双方均无责任；如因不可抗力（指战争、政府行为、地震、山洪、泥石流、瘟疫和其他自然灾害或重大刑事案件的发生等）因素死亡，双方均无责任。

4.甲方必须保证如实提供宠物真实的身体状况，如有隐瞒或提供不实情况，一切后果由甲方自行承担，乙方不负有责任。

5.双方对宠物出现死亡、丢失的赔付约定：

①寄养宠物进入中心7天内因疾病导致死亡的情况，乙方不承担相关赔偿责任；

②寄养宠物进入中心后，因乙方工作失误导致甲方宠物死亡、丢失的，乙方给予相应赔付，赔付上限为宠物的价值；

③寄养宠物在本中心7天内出现的非创伤性疾病，相关医疗费用由甲方支付；

④寄养宠物在寄养后出现的创伤性疾病，相关医疗费用由乙方支付。

四、双方对提前结束合同、违约及赔付的约定

1.甲方应严格按照本合同的第三款向乙方支付寄养费用，并于合同结束时及时领取寄养的宠物，履行主人的职责。

2.如需增加宠物寄养时间，甲方应及时通知乙方，并将增加的费用在5日内予以补足。

3.如在寄养结束后甲方未能及时领取宠物的，拖欠15天以上则视为甲方自动放弃对寄养宠物的所有权，该宠物归乙方所有，乙方有权出售或送养。

4.寄养期限内，其中一方提出提前终止合同的，应提前24小时通知对方，并在甲方领取宠物时酌情退还相关费用。

五、防疫证明

在寄养期间，甲方需提供宠物的有效防疫证明，并由乙方保存至甲方领回宠物为止。

六、费用

甲方在交送乙方寄养宠物时，一次性向乙方交纳全部寄养费用。

七、本协议一式二份，具有同等效力，分别由甲乙双方保管。

甲方：（签字）　　　　　　　　乙方：（签字）

　年　月　日　　　　　　　　　　年　月　日

3. 经营宠物寄养的注意事项

（1）保证寄养宠物的健康与安全。

（2）寄养宠物时要有所选择，不熟悉、不了解、难把握的宠物尽量不要接受寄养。

（3）接受寄养前最好对宠物进行健康检查，确保宠物无任何疾病后才可接收。

（4）所有被寄养的宠物必须有大型宠物医院的健康证明，还需经本公司的宠物医师进行仔细检查及化验，确认后方可寄养。

二、犬只交易

1. 签订宠物购买协议书

宠物购买协议书

甲方或甲方的授权代理人（卖方）：_____联系电话：_____地址_____

乙方（买方）：_____联系电话：_____地址_____

甲方将其自养的____（宠物）____只____雌____雄，共计以_____元人民币（大写）出让给乙方。若（宠物）处于预定销售，在乙方对甲方的（宠物）表示无异议后，可预付_____元人民币（大写），预付日期为____年____月____日，最后（宠物）由甲方交付乙方时，乙方给付余额_____元人民币（大写），日期为____年____月____日，（宠物）所有权归乙方所有。

鉴于双方交易商品为动物，存在一定的不可预期性。甲乙双方经平等协商一致，自愿签订本购买协议，共同遵守本协议所列条款。

主要条款：

第一条：本合同有效期为：____个月，本协议于_____年____月____日生效，至____年____月____日终止。

第二条：（宠物）在到达乙方家中后____周内如出现细小病毒症及其他传染疾病等，由甲方承担其责任，并有义务在事故出现3日内退还乙方所付货款。乙方有义务为（宠物）做医疗检查并出示检查结果，此费用由双方另行协商承担。乙方并有义务在（宠物）出现症状第一时间内告知甲方。

第三条：协议期满或经双方商定确认解除协议，此协议自动中止。

第四条：本协议中部甲、乙双方的通讯地址为双方联系的唯一固定通讯地址，若在履行本协议中双方有任何争议，甚至涉及仲裁时，该地址为双方法定地址。若其中一方通讯地址发生变化，应立即书面通知另一方，否则，造成双方联系障碍，由有过错的一方负责。

第五条：若双方处于预定交易，且甲方收取乙方预订（宠物）订金后，所预定的（宠物）转卖第三方，甲方必须赔偿乙方所支付订金的双倍作为违约金，若乙方发生违约，不再购买甲方宠物（除该宠物在甲方处发生疾病未治愈、残疾、死亡、失踪等，双方可协商退还订金），甲方有权收取原订金，不再退还乙方。

补充协议

1. 甲方在按照规定交付（宠物）给乙方之前履行如下服务。

a.（宠物）交付之前保证其健康。

b. 甲方不得欺瞒恶性遗传疾病。

c. 负责按照规定程序注射2针进口免疫疫苗。犬出生28～30日开始注射第一针_____免疫疫苗（附疫苗过程时照片给乙方）。

d. 至少做驱虫一次，使用的驱虫药为_____。

e. 最后疫苗在犬只到达甲方20天后，在完全健康的状况下由乙方去专业的宠物医院注射。

f. 负责规定程序的犬驱虫（每次注射疫苗前后2～3天进行驱虫）。

2. 乙方购买前及购买后履行如下服务。

a. 乙方若是本地或者靠近甲方地区的客户，须到甲方处自取所预定的（宠物）。

乙方如是外地客户，若能自行安排应尽量自行安排，如不能自行安排，甲方在乙方付清全部款项后协助乙方运输，运费由乙方承担，甲方负责将（宠物）安全送至乙方所在地最近的机场，运输风险由甲方承担（除不可抗力因素），乙方在机场接到（宠物）后请在机场和甲方确认（宠物）健康情况，否则涉及运输引起的健康问题，甲方不承担任何责任。

b. 乙方领回所买（宠物）后，必须严格按照甲方提供的饲养方法喂养，才可以享受第二条，否则后果自负。

本协议一式两份，甲乙双方各执一份。且双方可以将此协议作为发生纠纷后可用于法律途径解决的证据。

甲方：　　　　　　　　　　　　乙方：

_____年_____月_____日　　　　_____年_____月_____日

备注：文中带括号的宠物可替换为具体的宠物名。

2. 犬只交易的注意事项

（1）对于宠物买卖的经营，一定要保证所售宠物的品种。

（2）一定要使宠物住所保持通风、卫生的环境，并定期给宠物注射疫苗，防止疾病产生。

（3）经营者应能掌握一些相关的免疫方法、宠物自身的健康知识，以及对待可能发病的前期症状、水土不服等问题的解决手段等。

三、宠物殡葬

1. 主要项目

（1）**宠物标本制作**　当宠物去世后，宠物主人难免会感到失落，而且有些宠物主人不忍心随意处理它们，因此一种新的怀念宠物的方式应运而生，即把死去的宠物做成标本。

（2）**宠物火葬**　火化时一只宠物一个炉，且宠物的骨灰可保留存放于专门的骨灰堂。为满足宠物主人能亲自送宠物最后一程的需求，可推出现场火化服务。

（3）**宠物土葬** 选择合适、合法的宠物墓地，对动物尸体进行无害化处理，如深埋的消毒方法是在土坑里铺上生石灰等。要求土坑深度必须在1m以上，且在远离水源的地方。

（4）**网上灵堂** 宠物主人可在祭祀网站上为宠物注册一个灵堂，点歌寄托哀思，用文字记录下与宠物共处的点滴回忆，爱好宠物的网民也可跟帖呼应，同表悼念的情怀。

2. 注意事项

（1）首先需要到工商部门申请相关执照。所有殡葬服务以及殉葬用品的出售必须在政策规定的范围内进行。

（2）最好能与本地的宠物医院建立合作，这样就可以从那里得到更多宠物主人的资料。

（3）为了能更好地满足宠物爱好者的需求，还可以将服务内容分为普通、标准、豪华等级别，并根据不同级别配合不同的服务。

四、宠物服装制作和销售

（1）可采取定制服装、量体裁衣的方式，对客户进行有针对性的服务。

（2）可根据不同季节推出不同的套装。比如，冬季可以推出婴儿式的连脚服，雨季可以推出有个性的宠物雨衣。

（3）不断迎合市场，推出新产品，防止客户流失。同时也要针对中低档消费者推出一些价格比较便宜的产品。

五、宠物摄影

1. 服务对象

（1）**家庭宠物** 为家庭宠物在节日、生日、婚庆等特殊日期摄影。

（2）**商务摄影** 为宠物参加犬赛、登杂志、做海报等摄影。

2. 服务项目

（1）摄影前美容。

（2）宠物摄影服饰试穿。

（3）摄影服务。

3. 签订摄影协议

（1）**家庭宠物拍摄协议** 客户所得照片仅用于私人空间欣赏，允许网上以小图形式交流，凡违约用于出版、广告等商业活动，未经许可，有追究其相关责任的权利；宠物摄影店拥有所拍动物照片的版权和使用权；采用数码拍摄，无底片，不保留原片（可提供小文件750像素）；摄影师在拍摄前有义务向客户出示此协议，凡决定拍摄的客户将视作已同意以上约定；本协议仅限家养宠物之摄影，商业摄影另行协商。

（2）**商务摄影协议** 宠物摄影店拥有所拍动物照片的使用权；采用数码拍摄，无底

片，不保留原片（可提供小文件750像素）；摄影师在拍摄前有义务向客户出示此协议，凡决定拍摄的客户将视作已同意以上约定。

六、宠物训导

1. 宠物犬训导内容

（1）服从性训练　有绳脚侧随行、随行中坐、随行中卧、卧下等待、召回、禁止、握手、拒食外食等。

（2）不良行为训练项目　不随地大小便、不扑人、不乱叫、不咬手、不攻击人和犬、不咬家具、不随地捡食、不挑食和护食、不过度黏人、不过度要求关注、兴奋时受控制、不乞食、宠物主人离家后无分离焦虑、无领袖症候群等。

（3）技巧性训练（选训项目）　敬礼、左右转圈、数数、后退、人体障碍（跳腿、跳背、跳手圈、脚圈）、匍匐前进、接飞盘、钻腿、站立行走、装死、打滚、衔取物品等。

2. 训导课程体系

（1）初级班　随行、坐、卧下、前来、握手、禁止、延缓等待、自由穿行人群、社交礼仪。

（2）中级班　初级课程加上随行中坐卧立、无绳随行、远距离指挥、吠叫、跳腿、坐立、装死、打滚、简单障碍。

（3）高级班　中级班课程加上飞盘、敏捷。

（4）选修班　课程内容自选。

3. 宠物训导的注意事项

（1）犬只在接受训练之前必须经过驯犬师的性格行为测试，不是每条犬都适合训练。并根据犬的实际能力和特点选择课程。

（2）所有进场的犬的年龄在必须4个月以上，需做完三针六联苗的免疫、做完狂犬疫苗免疫以及驱虫一次，还必须有大型宠物医院的健康证明和养犬登记证。

（3）宠物保健医生会先对犬的耳朵、眼睛、毛发、脚掌、肛门、皮肤、牙齿等部位进行全面的检查，并进行犬瘟和细小传染性疾病等的抗体检测，最终确定犬只的健康状态能否进场。

（4）每只犬根据宠物主人的要求，训练周期在1～6个月之间。

（5）试培训结束后，最终费用依犬种、年龄、训练难易度和特殊要求等不同，根据实情拟定。

七、宠物婚介

1. 操作程序

（1）建立宠物档案　对宠物的姓名、年龄、品种、健康状况等情况详细登记，建立宠物档案。

（2）**宠物美容** 为宠物清洗消毒、整理毛发、美容化妆和佩戴饰物，提高宠物相亲的形象。

（3）**宠物摄影** 用于宠物档案和刊登宠物征婚启事，同时方便宠物主人建立宠物相册。

（4）**宠物征婚** 刊登宠物征婚启事，根据宠物主人对配种宠物的体重、体型、血型等要求，为宠物寻找合适的婚嫁对象。

（5）**宠物体检** 为宠物检查疾病，防止宠物交友或婚配时传染疾病。

（6）**其他服务** 为宠物提供用品、宠物时装、宠物寄养及交友等服务。

2.经营宠物婚介的注意事项

（1）对于经营者的要求较高，必须具备丰富的繁育与医疗知识，能迅速地分清宠物的类别及品种是否纯正，并辨明它们的健康状况。

（2）宠物发情期只有13天左右，一年发情两次，许多准备工作都得在发情期之前做完。

（3）防止近亲交配，需仔细查看宠物的血统证书，对于产地、品种、血统、出生日期、犬主的姓名，以及宠物的直系都要问清楚，确认三代以内没有血缘关系的，才确定可以交配。

参考文献

[1] Steven E Crow, Sally O Walshaw. 犬猫兔临床诊疗操作技术手册. 第2版. 梁礼成等译. 北京：中国农业出版社，2004.

[2] 达拉斯，诺斯，安格斯. 宠物美容师培训教程. 沈阳：辽宁科学技术出版社，2008.

[3] 张江. 宠物护理与美容. 北京：中国农业出版社，2008.

[4] 曹授俊，钟耀安. 宠物美容与养护. 北京：中国农业大学出版社，2010.

[5] 崔立，周全等. 宠物健康护理员（初级、中级、高级）. 北京：中国劳动社会保障出版社，2007.

[6] 曾柏邺. 爱犬美容师培训教材. 上海：AIPTSA亚洲国际公认宠物培训学校联合会，2007.

[7] 毕聪明，曹授俊. 宠物养护与美容. 北京：中国农业科学技术出版社，2008.

[8] 福山英也等. 家犬美容师的忠告. 徐州：江苏科学技术出版社，2007.

[9] 本·斯通等. 犬美容指南. 李春旺等译. 沈阳：辽宁科学技术出版社，2002.

[10] 魏海波等. 宠物美容. 上海：上海教育出版社，2006.

[11] 原顺造等. 最新犬美容护理手册. 台湾广研印刷社，2005.

[12] 陈晨，王莉梅. 图解爱犬美容. 北京：科学普及出版社，2009.

[13] 江涛，喻长发. 宠物犬的美容护理. 特种经济动植物，2002，（4）：8-10.

[14] 陈昊，程宇. 宠物美容新时尚. 宠物世界（狗迷），2009，（5）：15-20.

[15] 徐晟，李文平. 宠物美容技术和服务进展. 中国工作犬业，2009，（3）：23-26.

[16] 艾琳·吉森. 170种犬美容教程. 济南：山东科学技术出版社，2005.

[17] 孙若雯. 宠物美容师. 北京：中国劳动社会保障出版社，2005.

[18] 《犬美容师培训教程》编委会. 犬美容师培训教程. 西安：陕西科学技术出版社，2007.

[19] 孙若雯. 扮靓您的爱犬. 北京：化学工业出版社，2008.

[20] 伊芙·亚当森. 宠物狗美容. 北京：北京体育大学出版社，2007.

[21] 林小涛. 当宠物红娘赚另类钱财. 生意通，2006，（4）：13-14.

[22] 何英，叶俊华等. 宠物医生手册. 第2版. 沈阳：辽宁科学技术出版社. 2009.

[23] 唐纳德 L 皮耶尔马太等. 犬猫骨骼与关节手术入路图谱. 第4版. 侯加法译. 沈阳:辽宁科学技术出版社，2008.

[24] 顾剑新. 宠物外科与产科. 北京：中国农业出版社. 2007.

[25] 贺生中等. 宠物内科病. 北京：中国农业出版社. 2007.

[26] 秦豪荣，吉俊玲等. 宠物饲养. 北京：中国农业出版社. 2008.

[27] 周建强等. 宠物传染病. 北京：中国农业出版社. 2008.

[28] 郭风. 宠物殡葬馆. 大众商务，2006，（4）:71.

[29] 陈欣，英晓东. 宠物产业：商机在敲门！. 中国禽业导刊，2002，19（5）:14.

[30] 陈楠. 宠物市场露出金山一角. 山西农业，2006，（20）:31.

[31] 好狗狗网. http://www.haogougou.com/bbs/thread-1865-1-1.html.

[32] 安铁诛等. 犬解剖学. 吉林：吉林科学技术出版社，2003.